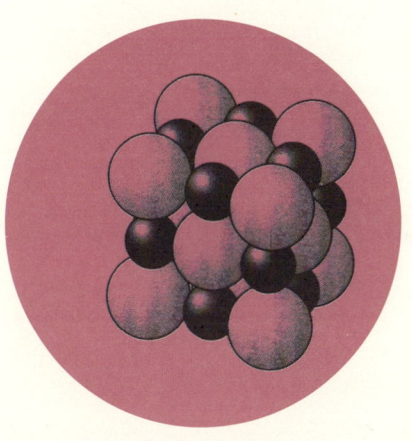

THE PERIODIC KINGDOM
원소의 왕국

SCIENCE MASTERS

THE PERIODIC KINGDOM

by P.W. Atkins

Copyright ⓒ 1995 by P.W. Atkins
All rights reserved.
First published in Great Britain by Orion Publishing Group Ltd.
The 'Science Masters' name and marks are owned and licensed by Brockman, Inc.
Korean Translation Copyright ⓒ 2005 by ScienceBooks Co., Ltd.
Korean translation edition is published by arrangement with Brockman, Inc.

이 책의 한국어판 저작권은 Brockman, Inc과 독점 계약한
㈜사이언스북스에 있습니다.
저작권법에 의해 한국 내에서 보호를 받는 저작물이므로
무단 전재와 무단 복제를 금합니다.

THE PERIODIC KINGDOM
원소의 왕국

피터 앳킨스가 들려주는
화학 원소 이야기

피터 앳킨스

김동광 옮김

옮긴이의 말

만물의
근원을
찾아서

물질의 궁극적인 본질을 찾으려는 인간의 갈망은 무척이나 오랜 역사를 가지고 있다. "삼라만상을 이루는 가장 근본적인 요소는 무엇일까?" 이런 물음을 가장 먼저 제기한 것은 고대 그리스 인들이었고, 아리스토텔레스는 상당히 체계적인 4원소설을 정립했다. 그리고 중세 화학의 꽃이라고 할 수 있는 연금술사들은 바로 이 아리스토텔레스의 직계 제자나 다름없었다. 4원소설은 연금술사들에게 큰 영향을 주었다. 그들은 타고 있는 나무에서 실제로 네 가지 원소를 볼 수 있다고 주장할 정도였다. 타고 있는 나무에서 피어오르는 연기는 공기이고, 거기서 내뿜는 증기는 물, 타고 남은 재는 흙이었다. 나머지 하나인 불은 그 자체였다. 실험을 하던 중세 시대의 연금술사들이 유독 가스 때문에 목숨을 잃는 일은 흔했다.

그렇다면 연금술사들이 그토록 금을 합성하려고 노력한 것은 왜일까? 연금술사들이 금을 추구했던 가장 근본적인 이유는 금이 가장 완전한 금속이라고 믿었기 때문이었다. 14세기의 페트루스 보누스라는 연금술사는 "모든 금속 중에서 가장 완벽하고, 그 성질에 있어서 최고의 완전함에 도달한 유일한 금속은 금이다. 그리고 다른 금속들은 모두 금으로 변하려는 성향을 갖고 있다."라고 말했다.

따라서 그들은 금을 합성할 수 있다고 굳게 믿었다. 이런 믿음은 자연의 모든 존재는 완전함을 갈구한다는 아리스토텔레스의 생각에 깊이 뿌리박고 있는 것이었다. 이들의 소박한 믿음은 잘못이었음이 판명되었지만, 그 부산물은 값진 것이었다. 그들의 노력으로 수많은 원소들이 분리되어 '원소의 왕국'에서 제자리를 잡을 수 있게 되었던 것이다. 부산물은 거기에 그치지 않았다. 연금술사들이 금과옥조로 삼았던 아리스토텔레스의 4원소설과 그 근본 철학은 근대 과학의 가장 근본적인 토대를 이루었기 때문이다.

이렇듯 주기율표는 사물의 본질과 그 근원을 파헤치려는 사람들의 노력의 결실이다. 원자보다 작은 세계를 다루는 양자역학과 우주의 탄생 과정을 설명하는 우주론의 비약적인 발전 덕분에 지난 수십 년 동안 원소의 왕국은 매우 풍요로워졌다.

우리는 이 책에서 물질의 근원을 파헤치려는 사람들의 노력과 원소의 왕국이 갖는 여러 가지 특성들을 살펴보게 된다. 그리고 우주의 탄생 이후 원소들이 오늘날과 같은 모습을 갖추게 되기까지의 기나긴 역사에 대해서도 살펴보게 될 것이다.

우리는 원소의 역사를 거슬러 올라가면서 광활한 우주의 거의 대부분을 이루는 수소와 헬륨에 비하면 나머지 원소들은 지극히 미미한 불순물에 불과하다는 사실을 깨닫게 된다. 그렇지만 그 불순물은 사람을 비롯한 생물이 탄생하기 위해 더할 나위 없이 중요한 역할을 수행했다. 생물 역시 바로 그 불순물의 후예이고, 생물의 역사는 그 원소들의 자기 조직 과정이었기 때문이다.

우리는 이 책을 통해서 우리의 근원을 가장 깊은 뿌리까지 파내려가게 된다. 그리고 그 탐색에 동반하게 될 주기율표라는 믿음직한 안내자를 만나게 된다. 저자인 피터 앳킨스는 얼른 보기에는 무미건조한 주기율표 속에 담겨져 있는 원소 왕국에 얽힌 숱한 특성과 비밀들을 드러내 준다. 여러 가지 지형도를 통해 주기율표 속의 리듬과 패턴을 표출시키는 앳킨스의 놀라운 재능은 그동안 주기율표를 그저 암기의 대상으로만 생각해 왔던 우리에게 마치 마술을 보는 듯한 느낌을 자아내게 한다.

주기율표라는 믿음직한 안내자를 대동한 우리의 여행은 분자에서 원자, 그리고 원자보다 작은 소립자들의 세계까지 이른다. 그러나 거기서 그치지 않는다. 어느덧 우리의 탐구는 별, 은하, 그리고 대우주의 구조까지 확장된다. 원소들의 자취를 찾아 지옥불처럼 타오르는 별의 깊은 내부로 들어가기도 하고 우주 공간을 떠도는 성간 가스와 먼지를 스쳐 지나가면서 우리는 자신의 몸속 아주 깊은 곳에서 솟구치는 친밀감을 느끼기도 한다. 그리고 여행의 어느 구비에선가 잠깐 발걸음을 멈추고 이런 깨달음을 얻게 된다. "그렇다! 지금 나는 내 근원을 파헤치고 있다."

이 여행의 동기는 어쩌면 150억 년 전의 아득한 기억의 아주 작은 단편의 발로인지도 모른다. 근원을 파헤치려는 우리의 정신 현상 자체도 바로 그 산물이기 때문이다. 그리고 이 여행을 마치면서 우리는 대폭발로 솟구친 복사의 한 줄기, 또는 우주 공간을 떠돌던 성간 먼지와 불순물의 한 복잡한 변형이 물끄러미 그 근원을 되돌아보고 있는 자신의 모습을 발견하게 될지도 모른다.

김동광

머리말

원소의
왕국의
안내서

　나는 서머셋 몸(Somerset Maugham)의 『진노의 그릇(*The Vessel of Wrath*)』이라는 작품의 머리말을 처음 읽었을 때의 놀라움을 아직도 생생히 기억하고 있다. 저자는 자신의 서재에 앉아 『양쯔 강 항로 안내서』의 책장을 훌훌 넘기고 있었다. 그런데 그의 마음의 눈 속에서는 조수 간만 표와 수로(水路)의 방향들이 점차 현실감을 더해 가고 있었다. 그리하여 그의 상상력 속에서 안내서의 지형 윤곽과 조수 간만 표는 점차 풍부해져서, 이윽고 그는 나무, 지붕, 그리고 자신의 소설의 주제와 관련된 사람들의 모습까지 식별하기에 이르렀다.

　나도 여러분들을, 상상력을 통해 화학이라는 해도(海圖), 즉 원소의 주기율표라고 불리는 세계를 둘러보는 여행으로 안내하려고 한다. 우리는 마음의 눈으로 그 세계를 하나의 나라──주기율의 왕국──로 상상해야 한다. 우리가 그 나라의 표면에 도달하게 되면 자연히 깨닫게 되겠지만, 그 왕국은 숱한 특성을 가지고 있는 세계이다.

우리는 그 나라의 지형 위를 비행하면서 여기저기 솟아 있는 산봉우리, 산맥, 협곡, 그리고 평원들을 살펴볼 것이다. 우리는 그곳의 땅 위에 내려 드넓은 초원을 거닐고 언덕을 넘을 것이다. 때로는 지하로 파 내려가 그곳에 숨겨진 구조, 즉 이 왕국을 지배하고 제어하는 메커니즘을 찾아내기도 할 것이다. 이 나라는 합리성이 지배하는 세계이기 때문이다.

주기율표가 이론상으로나 실제로나 화학에서 가장 중요한 개념이라는 데에는 거의 이론의 여지가 없다. 주기율표는 화학을 공부하는 학생들에게 있어서는 하루도 없어서는 안 될 중요한 도구이며, 전문학자들에게는 새로운 연구의 길을 제시해 주고 화학 전체에 매우 간결하고 유용한 틀을 부여해 준다. 주기율표는 화학 원소들이 물질의 임의적인 덩어리가 아니라, 나름대로의 계보와 그에 따른 경향성을 갖는다는 사실을 보여 주는 중요한 증거이다.

복잡하게 뒤얽혀 있는 이 세계의 비밀을 풀어 내고, 세계라는 거대한 건물이 어떻게 화학 원소라는 가장 기본적인 벽돌(구성 단위)을 토대로 건축되어 있는지를 알고자 하는 사람들에게는 주기율표에 대한 인식이 필수적이다. 더구나 이 세계를 과학자의 눈으로 보고자 하는 사람들은 가장 일반적인 형태의 주기율표를 반드시 알아 두어야 한다. 주기율표란 과학 문화의 중요한 일부이기 때문이다.

나는 주기율표를 원소들이 각기 여러 지역을 이루고 있는 상상 속의 나라에 대한 일종의 여행 안내서로 삼고자 한다. 이 왕국은 지도를 갖는다. 원소들은 제각기 특정한 위치를 가지며, 그 위치는 그 지역 고유의 특정한 산물과도 긴밀한 연관을 갖는다. 그것은 초원이 밀을 생산하고 호수가 물고기를 낳는 것과 마찬가지이다.

이 나라에는 역사가 있다. 실제로 주기율의 왕국에는 세 가지 종류의 역사가 있다. 지구상에서 끊임없이 새로운 지역들이 발견되어 왔듯이 원소들도 나름의 발견의 역사를 가지고 있다. 세계 지도가 작성되듯이 원소들의 지도도 작성되었다. 그리고 원소들의 상대적인 위치는 중요한 의미를 갖게 되었다. 더구나 원소는 고유한 우주적 역사를 가지고 있으며, 그 역사는 별의 탄생으로까지 거슬러 올라간다.

주기율표라는 왕국은 행정부도 가지고 있다. 원소들의 특성은 그들의 행동과 결합을 결정하는 여러 가지 법칙들에 의해 지배되기 때문이다. 이 행정부는 원자, 원자를 구성하는 전자, 그리고 원자핵의 특성 속에서 찾을 수 있다.

이 책은 화학에 대한 사전 지식이 전혀 없는 사람도 누구나 읽을 수 있다. 지리적 비유를 구체적인 실재인 원소로 해석해 낼 수 있는 상상력만 있으면 충분하다. 우리는 함께 이 왕국의 상공을 비행하면서 지형을 살피게 될 것이며, 또 적당한 장소에 착륙하기도 할 것이다. 이 과정에서 여러분은 우리가 살고 있는 실제 세계의 다른 표현인 매우 풍부한 세계를 발견하게 될 것이다.

이 책을 편집해 주고 여러 가지 소중한 제안을 해 준 제리 라이온스(Jerry Lyons), 그리고 내 원고를 정리해서 내가 의도하는 주장의 논지를 훨씬 명료하게 만들어 준 새라 리핀콧(Sara Lippincott)에게 이 자리를 빌려 감사드린다.

옥스퍼드에서
피터 앳킨스

THE PERIODIC KINGDOM

원소의 왕국

차례

옮긴이의 말	**근원을 찾아서**	4
머리말	**원소의 왕국의 안내서**	8

1부 주기율 왕국의 지리학
1 | 왕국의 지형 … 15
2 | 지역의 특산품들 … 29
3 | 주기율표 지리학 … 61

2부 원소의 왕국의 역사
4 | 발견의 역사 … 89
5 | 이름 붙이기 … 107
6 | 창세기 … 121
7 | 지도 제작자들 … 145

3부 원소의 왕국의 정부와 제도
8 | 안쪽의 법칙 … 179
9 | 바깥쪽의 법칙 … 191
10 | 지역 행정 … 217
11 | 연결과 결합 … 239

에필로그	**환희와 찬탄의 대지**	255
참고 문헌		260
주기율표		262
찾아보기		264

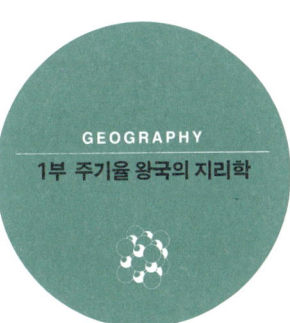

GEOGRAPHY

1부 주기율 왕국의 지리학

1
왕국의 지형

주기율의 왕국에 들어온 여러분을 환영한다. 이곳은 상상의 나라지만 실제보다 훨씬 현실에 가깝다. 이곳은 현실 세계 삼라만상의 재료가 되는 물질, 즉 화학 원소의 왕국이다. 이 왕국은 넓은 나라는 아니다. 겨우 100개 남짓한 지역(흔히 원소라는 이름으로 불리는)으로 이루어져 있기 때문이다.

그러나 그 숫자만으로도 우리들 현실 세계의 모든 물질을 설명할 수 있다. 우리들이 펼쳐 나가게 될 이야기의 핵심인 100여 개의 원소로부터 모든 행성, 암석, 식물, 그리고 동물들이 만들어진다. 이들 원소는 공기, 대양, 그리고 지구 그 자체의 근본적인 토대이다.

우리는 원소를 딛고 그 위에 서 있으며, 많은 원소를 먹고살고 있으며, 사실 우리 자신도 원소이다. 우리는 이 왕국의 주민이며 우리의 두뇌 역시 원소에 의해 구성되므로 우리의 생각 자체도 어떤 의미에서는 원소가 가진 특성의 특정한 발현인 셈이다.

이 왕국은 무정형의 지역들이 제멋대로 뒤엉켜 있는 곳은 아니다. 오히려 한 지역의 특성이 이웃 지역과 긴밀히 연관되어 있는, 잘 짜인 상태로 되어 있다. 그러나 이 왕국에서는 어디에서도 분명한 경계를 거의 찾아볼 수 없다. 오히려 이곳 풍경의 특징은 대체로 완만한 변화라고 할 수 있다. 사바나 지역이 어느새 야트막한 계곡과 뒤섞이고, 계곡은 점차 깊이를 알 수 없는 협곡으로 변한다. 그리고 평원에서 솟아나기 시작한 언덕은 이내 하늘을 찌르는 산이 된다.

우리가 이 왕국을 여행하면서 염두에 두어야 할 것은 바로 이런 이미지의 유추이다. 마음속에 새겨야 할 원칙은 실제 세계가 100여 개의 원소로 이루어질 뿐 아니라 이 원소들 자체가 하나의 패턴을 형성한다는 사실이다.

여행의 초입에 서 있는 우리는 무엇보다 먼저 그 패턴을 제대로 알아볼 줄 알아야 한다. 다시 말해서 왕국의 여러 지역들의 배열에 친숙해져야 한다는 뜻이다.

    높은 곳에서 내려다보면 이 왕국이 수소에서 시작해서 아득히 먼 우라늄에 이르기까지 멀리 펼쳐져 있다는 사실을 알 수 있다. 그리고 우라늄 너머에도 우리에게 알려진 지역들이 있지만, 그보다 더 먼 곳에는 새로운 콜럼버스를 기다리고 있는 미개척의 지평선이 넓게 펼쳐져 있다.

    가까운 곳일수록 탄소, 산소, 질소, 인(燐), 염소, 아이오딘처럼 우리에게 친숙한 지역이다. 최초의 탐험이 끝나면 우리는 훨씬 더 많은 지역들과 친숙해질 것이다. 그리고 그 지역들이 사막, 습지, 호수 또는 목초지처럼 여러 가지 특성을 가진 지역이라는 사실을 알게 될 것이다.

    왕국의 상공으로 높이 올라가면 우리는 지형의 폭넓은 특성들을 한눈에 살펴볼 수 있다 그림 1. 거기에는 여러 가지 금속으로 구성된 번쩍거리는 광택을 지닌 지역들, 그리고 우리가 서부 사막이라고 부르게 될 지역들이 포함되어 있다. 이 사막은 대체적으로 균일하지만 명암에는 미묘한 차이가 있으며, 그 명암 차는 특성의 차이를 나타낸다. 여기저기에서 우리에게 익숙한 누런 금의 광택과 불그스레하게 번쩍이는 구리와 같은 여러 가지 색의 얼룩을 볼 수

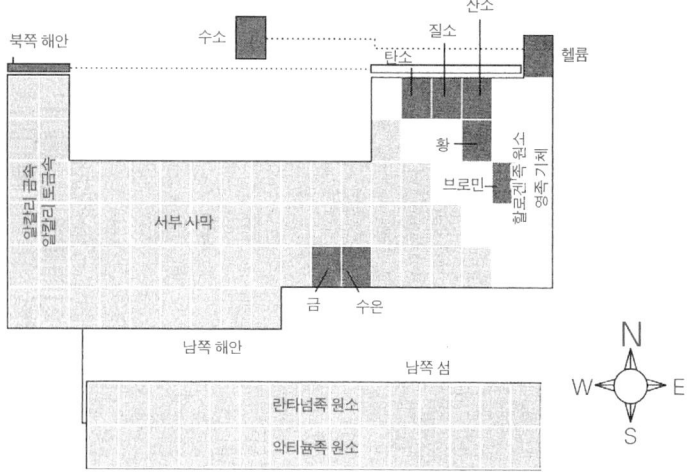

그림 1
원소의 왕국의 개괄적인 배치도. 특징적인 일부 지역에만 명칭을 붙였다. 서부 사막과 남쪽 섬은 금속 원소들로 이루어져 있다. 그 밖의 나머지 원소들은 모두 비금속이다.

있다.

이 황량한 사막 지역이 왕국에서 그토록 넓은 영역을 차지하고 있음에도 불구하고(지금까지 알려진 109가지 원소 중에서 86개가 여기에 속한다.), 왕국이 실세계에 그토록 화려하고 풍부한 다양성을 제공

한다는 사실은 무척 놀랍다. 이 풍부함은 사막이 우리에게 주는 불모지와 같은 느낌이 실은 착각에 불과하고, 가까이 접근하면 무척이나 풍요로운 광물들이 존재하며, 그 삭막한 풍경이 다양한 물리·화학적 특성들을 간직하고 있음을 암시하고 있다. 그러나 지금도 우리는 아직 왕국 표면에서 상당히 높이 머물러 있다. 따라서 사막이 지니고 있는 다양성은 아직 분명하게 드러나지 않는다.

그러나 이 정도의 고도에서도 시선을 동쪽으로 옮기면 풍경은 사뭇 달라진다. 그곳은 왕국의 더 부드러운 지역들로 호수도 눈에 들어온다. 그러나 이 영역이 평범한 왕국이 아니라는 사실을 금방 알 수가 있다. 이곳의 호수가 실제의 호수처럼 투명한 회색이나 푸른색이 아니라 갈색에 가까울 만큼 진한 붉은색을 띠기 때문이다. 이 호수는 브로민이라고 알려져 있으며 이 독특한 나라에 두 개밖에 없는 호수 중의 하나이다.

또 하나의 호수는 서부 사막의 동쪽 가장자리에 있다. 그 호수는 은백색의 광택을 가지고 있어서 외관상으로 전혀 다르다. 그곳은 수은으로서 암석 한가운데 나 있는 액체 호수 지역이다.

이 동부 지역은 형태와 색깔에 무척 다양하며, 그 다양성은 동쪽 해안으로 접근할수록 커진다. 서부 사막이 끝나면서 얼른 보기에는 금속처럼 생각되지만 그 특성이 상당히 약화되는 지역, 즉 모호한 특성을 지닌 지역이 시작된다. 이 지역에는 규소와 비소, 그리고 그다지 많이 알려지지 않은 폴로늄과 텔루륨 같은 원소들이 포함된다.

외견상 육지는 화학적으로 비옥해지는 것처럼 보이지만, 이 낯선 지방에서 마주치는 실제 모습은 처음 받았던 인상과는 상당히 다르다. 이 높이에서 우리를 가장 놀라게 하는 것은 눈앞에 펼쳐진 풍경의 색깔이다. 거기에는 우리에게 잘 알려진 생생한 유황색이 넘실거리고 있다. 이 색깔은 예로부터 흔히 이글거리는 지옥불의 색을 묘사하는 데 이용되었던 유황불 바로 그것이다. 그 이웃인 셀레늄의 색은 마치 사계(四季)에 따라 옷을 갈아입듯이 금속성 회색에서 진홍색에 이르기까지 다양하다.

어떻게 같은 물질이 이토록 여러 가지 색조를 띨 수 있을까? 그러나 이런 특성을 가지는 원소가 셀레늄만은 아니다. 탄소 역시 놀랄 만한 다양성을 갖는다. 우리에게 가장 낯익은 형태는 숯에서 볼 수 있는 그을음 빛깔의 검은색이다. 그러나 탄소는 휘황찬란한 다이아몬드, 금속성 회색빛의 흑연, 그리고 최근에 발견된 풀러라이트(fullerite)라 불리는 결정 형태에서 발견되는 황갈색에 이르기까지 다양한 변모를 보일 수 있다.

우리는 특정 원소가 다양한 여러 가지 형태를 나타낼 수 있음을 알아 둘 필요가 있다. 외견상으로는 다르게 보이지만 실은 같은 원소라는 사실을 모르면 자칫 혼동을 일으킬 수 있기 때문이다. 우리는 비유적으로 그것을 사계라고 부르지만, 정확한 명칭은 동소체(同素體)이다. 우리가 이 왕국의 표면에 착륙했을 때, 우리 눈앞에 나타나는 원소는 사계 중 어느 한 계절을 맞고 있을 것이다.

이 풍경의 색조는 동쪽 해안 지방에 가까워질수록 점점 더 생생해진다. 그중에서 가장 두드러진 것은 '할로겐족 원소'들이다. 그곳은 브로민의 붉은색 호수를 포함하고 있는 결속력이 매우 높은 가족들이 모여 있는 지역이다.

우리가 유지하고 있는 고도에서는 이 색깔들의 단계적 변화를 관찰할 수 있다. 아득한 북쪽의 거의 무색에 가까운 플루오르에서 불그스레한 브로민에 이웃한 황록색의 염소를 거치면서 색조는 점차 짙어진다. 브로민의 남쪽에는 희미하게 어른거리는 남쪽 해안선 가까이에 번쩍거리는 광택을 지닌 자줏빛이 도는 검은색의 아이오딘이 있다. 아이오딘의 남쪽은 아스타틴 지역이다. 이 지역은 명칭을 가지고는 있지만, 이름 이외에는 거의 아무것도 알려져 있지 않다. 이러한 무지는 그 원소의 쓰임새가 없다는 사실과 깊은 연관이 있다.

실제 세계에서도 이런 일은 자주 일어난다. 만약 어려분이 아스타틴에 대해 한 번도 들어보지 못했다면, 그 이유는 그 원소에 대해 굳이 알아야 할 필요가 없었기 때문이다. 이곳은 아직 개발되지 않은 불모의 지역, 왕국에서 단지 표면적으로만 조사가 이루어진 지역이다.

이 지역에서 나타나는 색깔의 다양성은 이곳 원소들의 특성에서 나타나는 단계적인 변화의 뚜렷한 표현의 하나라 할 수 있다. 왕국의 이 지역은 그 흥미로운 색깔로 우리들의 눈길을 끈다. 그리고 그 특성들을 식별하기 위해서는 더 자세한 조사, 심지어는 발굴까지도 필요하다는 생각을 하게 만든다. 그런 생각이 드는 것도 무리는 아니다. 실제로 땅거죽을 파고 그 속을 조사할 필요가 있기 때문이다. 왕국을 도보로 여행하는 과정에서 우리는 특성들이 그렇게 쉽사리 모습을 드러내지 않는다는 사실을 깨닫게 된다.

화학(여기에서 화학이란 주기율의 왕국을 지배하는 법칙들을 나타내는 이름이다.)이 우리에게 주는 기쁨 중 일부는 왕국의 모든 영역에 영향력을 미치고, 그 지역들을 하나의 족(族)으로 뭉치게 만들어 주는 땅속 깊숙한 곳에 내재하는 리듬을 발견했을 때이다.

이런 경향 중 하나는 본질적으로 육안으로는 볼 수 없다. 우리가 숨쉬는 공기를 직접 눈으로 볼 수 없듯이, 주기율 왕국의 일부 지역들은 실체를 결여하고 있는 것처럼 보인다. 외견상 비어 있는 것처럼 보이는 이 지역들은 동쪽과 북쪽 해안 지방, 즉 겉보기로 서부 사막 지역보다 덜 비옥한 것처럼 보이는 지역에 위치한다.

그러나 북동쪽 해안은 절대적으로 필요한 지역이다. 우리에게는 생명의 거의 보편적인 선구자라고 할 수 있는 산소가 이 지역에 있기 때문이다. 산소는 오늘날 지구상의 유기 생물에게는 없어서는 안 될 원소이기 때문에, 산소가 없는 곳에는 반드시 산소를 공급해야 한다. 우리는 산소를 탱크 속에 넣어 바닷속으로 운반하기도 하고 심지어는 달까지 가지고 간다. 우리는 죽어 가는 사람의 신체에 산소를 불어넣어 생명의 숨결을 연장시키기도 하고, 엔진에 분사해서 연료의 연소를 돕기도 한다. 산소는 생기(生氣)의 본질로서, 산소가 없으면 생명을 비롯해서 유용한 운동력은 모두 중단되고 만다. 겉보기로는 실체가 없는 듯이 보이는 왕국 북쪽 가장자리의 이 지역이 실제로는 이렇듯 놀라운 힘을 숨기고 있는 것이다.

그러나 보이지 않는 잠재력을 가진 지역이 산소만은 아니다.

서쪽 이웃에 해당하는 질소 또한 실체를 가지고 있지 않지만 생명체에게는 없어서는 안 될 존재이다. 생물학적·산업적으로 이용되는 상당수의 화학 반응들은 대기 중에 특이할 정도로 풍부한 이 원소를 어떻게 포획할 것인가에 초점을 맞추고 있다.

대기 중의 질소를 포획하는 것을 화학에서는 "질소 고정(fixation)"이라고 부르는데, 이 질소 고정은 매우 중요하다. 실제로 대기 중의 이산화탄소로부터 탄소를 고정시키는 과정인 광합성만큼이나 결정적인 역할을 한다.

질소 고정은 사람이 지구상에 탄생하기 훨씬 전에 이미 이루어졌다. 단백질은 그렇게 고정된 질소를 토대로 형성될 수 있었다. 단백질은 모든 종류의 유기 생물에게 없어서는 안 될 필수적인 존재이다. 세대에서 세대로 귀중한 생명의 정보가 전달될 수 있었던 것은 바로 이 질소 덕분이다. 왜냐하면 질소는 우리 몸을 구성하는 정보를 간직하고 있는 디옥시리보 핵산, 즉 DNA의 필수적인 구성 요소이기 때문이다.

실체를 갖지 않는 기체인 질소라는 영역이 없다면, 생명은 종말을 맞이할 수밖에 없을 것이다. 다음 세대에게 전달할 유산이 없으며 어떤 종류의 활동도 기대할 수 없을 것이다. 생명이라는 거대한 기관을 돌리는 톱니바퀴 격인 단백질이 아예 존재할 수 없었을 테니까 말이다.

동쪽 해안 지역에 이르면 상황이 조금 달라진다. 그 지역들 역시 기체 상태이지만 전반적으로 불활성이다. 그 원소들은 19세기 말에 여러 화학 탐험가들에 의해 발견되었기 때문에 서로 다른 이름으로 불렸다. 처음에는 흔치 않는 기체라고 생각되었기 때문에 "희유(稀有) 기체(rare gase)"라고 불렸는데, 일부 원소들은 그 이름에 걸맞게 희귀했지만 모두가 그런 것은 아니었다.

이들 기체 중 하나인 아르곤은 지구 대기 가운데 이산화탄소보다도 훨씬 풍부하다. 헬륨은 지구 대기에서는 귀하지만, 우주 전체로 눈을 돌리면 전혀 딴판이다. 우주의 25퍼센트가 헬륨 기체로 이루어져 있어서 수소를 제외하고는 가장 흔한 원소이기 때문이다. 또한 동쪽 해안에서 가장 남쪽에 있는 라돈의 경우는 자연 방사능을 방출하기 때문에 지구의 일부 지역에서는 위험스러울 만큼 풍부하다. 이처럼 풍부한 기체들에게 '희유'라는 이름을 붙이는 것은 터무니없는 일이어서 오늘날 그 명칭은 더 이상 사용되지 않고 있다.

한때는 이들을 "불활성 기체(inert gas)"라는 이름으로 부르기도 했다. 그 한 가지 이유는 이 연안의 변방 지역이 오랫동안 사람들의 눈에 띄지 않았을 뿐 아니라 그런 원소들이 있는지조차 알려지지 않았기 때문이다. 그러나 이들을 전체적인 배치 속에 포함시키려는 최근의 시도들은 상당히 성공을 거두었고, 그 덕분에 이곳이 모두 불모의 지역이라는 식의 잘못된 편견은 극복되었다.

물론 그렇다고 해서 이 해안의 사막 지역에서 갑작스럽게 꽃이 피어났다는 이야기는 아니다. 다만 때때로 이곳에서도 다산성(多産性)의 희미한 불빛, 그러니까 사막에 어렵사리 고개를 내민 풀잎과도 같은 화학적 등가물(等價物)이 우리의 눈길을 사로잡는다는 의미이다. 따라서 이 지역을 한데 뭉뚱그려 '불활성'이라는 낙인을 찍는 것은 지나친 비약이다. 오늘날 이 지역은 집단적으로 "영족 기체(noble gas)"라고 불리고 있다. 그 영어 명칭은 이 원소들이 화학적으로 엄격한 순결성을 고집한다기보다는 화학자들의 관심을 받지 않는다는 특성을 견지한다는 뜻이다.

그러면 지금까지의 이야기를 요약해 보자. 육지의 전반적인 배열은 서쪽에 금속들의 지역이 있고, 동쪽으로 여행을 계속하면 비금속의 다양한 풍경을 접할 수 있으며, 이 풍경은 동쪽 해안 지역의 불활성 원소들에서 끝나게 된다. 본토의 남쪽에는 앞바다에 하나의 섬이 있다. 앞으로 우리는 그 섬을 '남쪽 섬'이라고 부를 것이다. 그 섬은 저마다 미묘한 특성의 차이를 갖는 금속들로 구성되어 있다.

다음으로 마치 유럽의 북서쪽 끝에 있는 아이슬란드와 흡사한 위치를 차지하는 본토의 북쪽은 고립된 하나의 지역, 즉 수소의 지역이다. 이 단순하지만 축복받은 원소는 이 왕국에서 가장 중요한 전초 기지 중 한 곳이다. 그 단순성에도 불구하고 화학적 특성은 매우 풍부하기 때문이다. 또한 수소는 우주에서 가장 풍부한 원소로서, 별들이 열과 빛을 내며 타오를 수 있게 하는 연료이기도 하다.

2
지역의 특산품들

<u>우리는 앞에서 산소와 질소의 예를 통해</u> 눈에 보이지 않는다고 해서 결코 쓸모없는 원소가 아님을 알게 되었다. 그와 마찬가지로 거의 균질한 금속의 사막으로 이루어진 지역 또한 적절하게 개발하기만 하면 풍부하고 비옥한 소출을 얻을 수 있는 원천이 된다.

그러나 지금 그 산물을 알아보기 위해 왕국 전체를 탐사하는 것은 적절치 못하다. 우리가 그 산물의 가치를 충분히 평가할 수 있으려면, 먼저 이 나라의 제도에 대해 좀 더 많은 것을 알아야 하기 때문이다. 대신 개괄적인 탐사는 우리에게 많은 도움을 줄 것이다.

금속 원소는 실제 세계의 자연 풍경이나, 과학과 산업에 의해 고안된 인공물에서 모두 매우 중요한 역할을 한다. 일례로 서부 사막의 한 지역은 인류가 석기 시대에서 벗어나 산업 혁명으로 향할 수 있게 만들어 준 결정적인 원소인 철이다. 산업 혁명의 과정에서 이 지역은 번성기를 누렸다. 그리고 코발트, 니켈, 바나듐, 망가니즈 등과 같은 여러 이웃들과 동맹 관계(합금)를 이루면서 강철이 되었다. 이렇게 탄생한 강철은 문자 그대로 현대 사회의 기초를 형성하기에 이르렀다.

철이 그 이웃에 해당하는 다른 원소들과 쉽게 합금을 형성할 수 있다는 사실은 이 왕국에서 간과할 수 없는 중요한 특성이다. 이 특성은 왕국의 풍경이 보여 주는 표면 아래쪽에 유사성이라는 깊은 흐름이 도도하게 흐르고 있음을 암시한다. 그것은 문화적·경제적인 유대 관계가 나라와 나라 사이의 동맹 관계를 한층 굳게 만들어 주는 것과 마찬가지이다.

철과 이웃한 지역들 역시 실제 국가들의 역사에서 매우 중요한 지위를 차지한다. 철의 지역에서 동쪽으로 몇 걸음을 옮기면 구리의 지역이 펼쳐진다. 구리는 원광석에서 쉽게 추출할 수 있다는 특성 때문에 석기 시대 이래 오랜 기간 동안 사용되어 온 최초의 원소이다. 구리는 지금까지 인간이 가공 처리한 물질 중 최초의 물질의 대열에 포함되기도 한다.

구리는 우리가 흔히 녹이라고 부르는 그리 바람직하지 못한 화학적 변화에 대해 저항력을 갖는다는 점에서도 매력적인 원소이다. 이 저항력은 우리 일상생활에서 크게 두 가지 이점을 가져온다. 하나는 수도관처럼 물을 이용하는 파이프에 구리를 사용할 수 있다는 점이다. 물은 모든 화학 물질 중에서 금속에 가장 치명적인 물질인 것이다.

다른 하나는 청동이나 니켈과 같은 인접 지역들과 결합해서 합금을 만들 수 있고 그것으로 동전 같은 것을 주조할 수 있다는 점이다. 여기에서 우리는 이 왕국의 지하 연결망을 또 하나 발견할 수 있다. 구리 가까운 곳에 금과 은이 놓여 있다. 금과 은은 오랜 과거부터 상업, 장식, 주조 화폐 등 여러 가지 용도로 사용되어 왔다. 그렇게 된 데에는 아름다운 외관과 희소성도 한몫을 했지만, 다른 한편으로는 부식에 강하다는 특성도 중요한 이유로 꼽을 수 있다. 실제로 구리, 은, 그리고 금은 역사상 중요한 쓰임새를 인정받아 화폐용 금속이라고 불리기도 한다.

이제 서부 사막 지역은 대충 탐사가 끝난 셈이다. 이 지역은 역사적으로 동쪽에서 서쪽을 향해 개발이 진행되었다. 다시 말해서, 기술과 산업이 발전하면서 그 순서대로 해당 지역의 원소들을 활용했다는 뜻이다. 구리가 돌을 밀어내면서 청동기 시대가 시작되었다.

그런 다음 탐험가들이 서쪽으로 몰리고 훨씬 강력한 채굴 수단들을 동원하면서 철의 지역을 발견하게 되었고, 철을 이용해서 지금까지보다 훨씬 더 단단하고 효율적인 무기를 제조하기에 이르렀다. 이런 무기를 개발하게 된 사회들은 살육, 정복, 그리고 생존을 위해 더 나은 장비를 갖춘 셈이었고, 적자 생존의 법칙에 따라 번성하게 되었다. 그중에서 가장 강성한 국가들은 끊임없는 외적의 침략이라는 위협에서 벗어나 학문을 연구할 수 있는 시간을 벌게 되었다. 그리고 당연한 귀결로서 사막에서 서쪽으로 멀리 떨어진 지역까지 손을 뻗칠 수 있었다.

여기에서 우리는 매우 특이한 보고(寶庫)와 마주치게 된다. 서부 사막 깊숙한 지역, 그러니까 동쪽의 아연 지역에서 서쪽의 스칸듐 지역에 이르는(실제 지도의 파나마나 수에즈와 같은) 지협(地峽)에서, 마침내 타이타늄이라는 매우 귀중한 보상을 얻었다.

타이타늄은 한 사회가 부강을 누리기 위해서는 반드시 필요로 하는, 고도의 기술적 요구에 알맞은 특성들을 한데 모아 놓은 듯한 원소이다. 타이타늄은 매우 단단하고 부식에 강하며 무척 가벼운 금속으로서, 이런 성질은 서부 사막의 일부 지역에서 나타나는 전형적인 특성이다. 타이타늄과 그 이웃인 바나듐, 몰리브데넘이 철과 결합하면 돌도 자를 수 있고 대량 생산도 가능한 합금이 탄생한다. 이처럼 왕국의 서부와 극동에 해당하는 직사각형 모양의 두 영역을 연결하는 지협은 주기율의 왕국에서 매우 중요한 지위를 차지한다. 이 지역은 우리 사회를 움직이는 중요한 기계들을 생산하기 때문에, 그 구성 원소들은 즉시 결합을 이루게 되었다.

서쪽의 직사각형 영역 역시 서부 사막의 일부이다. 그러나 그곳에 속하는 지역들은 지협에 위치한 지역들에 비해 훨씬 흥미롭다. 이곳에는 자연 속에서 천연 그대로(그 자연 형태 그대로) 존재하지 않는 금속들이 있는데, 자연 상태로 존재할 수 없는 이유는 그 금속들은 무척 빠르게 반응하기 때문이다. 더구나 이 금속의 대부분은 손으로 만질 수 없을 만큼 독성이 강하다.

동쪽 직사각형 영역만큼 그 색깔이 두드러지지는 않지만, 매우 특징적인 화학적 특성을 이 영역에서 발견할 수 있다. 왕국의 변방에 해당하는 이 영역에 비가 내릴 때 벌어지는 일을 관찰하기만 해도 이곳이 어떤 화학적 특성을 가지는지 금방 알 수 있다.

왕국의 북서쪽 변방에 해당하는 리튬 지역에서는 비가 거의 영향을 미치지 않는다. 비가 대지를 적시면 그 지역은 수소 가스를 피워 올리며 부글부글 끓어오른다. 그러나 대체로 그 반응은 매우 조용한 편이고, 지역 전체에 소동이 벌어지는 일은 없다.

그러나 남쪽 경계 지역에 위치하는 나트륨의 경우는 전혀 다르다. 이곳에 비가 내리면 지역 전체가 대단한 소동을 일으킨다. 빗방울이 떨어지는 곳마다 땅은 부글부글 끓어오른다.

리튬 지역에서 비가 그런대로 견딜 만하고, 나트륨 지역에서 간신히 견딜 수 있다면, 칼륨 지역에서 벌어지는 일은 상상할 수 없을 정도이다. 칼륨 지역에 비가 내리면 무슨 일이 일어날까? 지면이 부풀어 오르면서 요란한 소리를 내며, 끓는 정도가 아니라 시뻘건 불길이 솟구치며 타오른다. 이 금속과 물 사이의 반응은 무척 격렬하기 때문에 이곳에서는 수소에 불이 붙을 정도이다. 따라서 이 지역에 비가 오면 아무도 살아남을 수 없다.

여기에서 좀 더 남쪽으로 내려가면 어떻게 될까? 그곳에서 비는 가히 폭발적인 반응을 일으킨다. 루비듐과 세슘의 지역에서는 빗방울 하나가 마치 폭탄과도 같아서 그 폭발로 대지가 갈라질 정도의 충격을 받는다. 이 원소들의 지역에서는 북쪽에서 남쪽으로 갈수록 화학 반응이 증가하는 경향이 나타난다.

서부 사막의 해안 지역에 위치한 금속들──집단적으로 알칼리 금속이라고 부른다.──이 맹독성을 갖는다고 해서 자연이나 산업에 유용하지 않다는 뜻은 결코 아니다. 격렬하기는 하지만 잘 제어하기만 하면 여러 가지로 유용하게 사용할 수 있다.

예컨대 나트륨은 우리 식탁에 오르는 소금(염화나트륨)의 구성 원소로서 정부가 나서서 그 분배를 규제할 만큼 중요한 물질이다. 나트륨은 우리 신체에서 매우 중요한 역할을 담당한다. 신경계와 뇌의 활동에서 빼놓을 수 없는 물질이기 때문이다. 만약 나트륨이 없다면 우리의 정교한 기관들은 활기를 잃고 제대로 기능하지 못할 것이다.

그 특성상 나트륨과 조금 다른 알칼리 금속인 칼륨 역시 신경계의 활동에 필수적인 구성 성분이다. 매우 흡사한 이 두 원소 사이의 조심스러운 상호 작용이 우리의 사고와 행동을 유지시켜 주기 때문에 사람을 비롯한 생물들이 생명 활동을 유지하기 위해서는 이 두 원소는 없어서는 안 되는 것이다. 만약 이 원소들이 없다면 우리는 무생물과 마찬가지 상태가 될 것이다.

여기에서 다시 한번 우리는 왕국의 인접 지역들 사이의 잠재적인 결합 가능성을 발견하게 된다. 어느 지역의 특성은 단독으로 작용할 때보다 유사한 지역과 조화를 이루어 함께 나타날 때 훨씬 풍부한 결과를 얻을 수 있다. 우리들의 사고(思考) 역시 물질들이 빚어 내는 가장 미묘한 현상의 하나이다. 이 복잡한 정신 현상은 부분적으로, 그 특성상 극히 미묘한 차이밖에 없는 이웃하는 두 지역의 상호 작용의 결과이다.

이 직사각형 영역의 알칼리 금속들의 지역에서 동쪽으로 조금 떨어진 곳에 매우 긴밀한 특성을 가진 또 다른 지역들이 위치한다. '알칼리 토(土)금속(alkaline earth metal)'이라는 상당히 긴 이름으로 불리는 이 지역의 금속들에는 칼슘이 포함된다.

칼슘 역시 리튬과 마찬가지로 비를 만나면 끓어오르면서 조용히 수소 가스를 뿜어낸다. 그러나 칼슘은 리튬보다 훨씬 그 쓰임새가 많다. 그리고 자연은 인류 문명이 리튬을 사용하기(주로 원자폭탄을 제조하는 용도로) 시작하기 훨씬 전부터 서부 사막에 속하는 이 지역을 활용해 왔다.

칼슘은 나트륨이나 칼륨과 마찬가지로 신경 활동을 구성하는 물질이다. 그러나 사람의 골격과 형태를 유지하는 데에도 중요한 역할을 한다. 자연 상태에서 칼슘은 내골격에 해당하는 뼈(인산칼슘)와 외골격에 해당하는 등딱지나 껍질(탄산칼슘)을 구성하는 재료가 된다.

또한 조개껍데기를 구성하는 탄산칼슘이 축적됨으로써 궁극적으로 오늘날 지구의 풍경을 형성하는 단단한 내골격이 탄생할 수 있었다. 석회석으로 이루어진 산등성이는 해양 생물의 유산이며 그들이 함유하고 있던 칼슘 덕분에 오늘까지 그 모습을 지탱하고 있는 셈이다.

인류 문명은 자연을 그대로 본떠 칼슘을 활용해 왔다. 사람들은 석회석을 쪼아 건물을 지었고, 그 건물들은 수천 년 동안 유지되었다. 로마인들은 콘크리트와 회반죽을 만들었지만, 정작 자신들이 원소의 왕국에서 칼슘을 캐내고 있다는 사실은 깨닫지 못했다. 서부 사막의 이 지역에서 나오는 산물이 없었다면, 문명사회는 항구적인 건축물을 갖지 못했을 뿐더러 생물들은 공격 무기(이빨이나 엄니와 같은)나 등딱지와 같은 방어용 장비도 만들어 내지 못했을 것이다.

칼슘에서 북쪽으로 몇 걸음을 옮기면 마그네슘 지역이 나타난다. 그 지역은 칼슘과 상당히 비슷하지만 미묘한 차이를 갖는 특성을 나타낸다. 마그네슘은 칼슘에 비해 반응성이 약하다. 이 지역에 비가 내려도 지형은 거의 변화하지 않는다. 그러나 칼슘과 달리 마그네슘은 중요한 여러 물질의 가장 중요한 토대로 기능하며, 백운석이라 불리는 분필과 비슷한 물질에서 칼슘과 함께 발견된다. 오스트리아와 이탈리아 사이의 '돌로미테 알프스 산맥'은 이 물질로 구성되어 있다.

이 마그네슘 지역의 가장 중요한 산물은 엽록소라고 불리는 유기 분자이다. 이 분자의 중심에는 하나의 마그네슘 원자가 있다. 엽록소가 없었다면 이 세상은 우리에게 친숙한 생명의 녹색 천국 대신 축축하고 뜨뜻한 바위 천지가 되고 말았을 것이다. 엽록소는 태양을 볼 수 있는 마그네슘이라는 눈을 가진 덕분에 태양광의 에너지를 받아 광합성이라고 불리는 과정의 가장 초보적인 단계를 시작할 수 있었다.

우리가 이 탐사를 벌이는 여러 가지 이유에 비추어 볼 때, 마그네슘은 우리의 탐사가 목적하고 있는 중요한 특성들을 정확히 갖추고 있다. 만약 우리 왕국에 이 원소가 없었다면 엽록소의 눈은 멀어 장님이 되었을 것이며, 광합성이 일어날 수 없어서 우리에게 친숙한 모든 종류의 생물들이 아예 생겨나지도 않았을 테니까 말이다.

이 원소 가족의 남쪽 끝자락에 스트론튬, 바륨, 라듐이라는 금속들이 자리를 잡고 있다. 이제야 이 왕국의 패턴이 자리를 잡기 시작한다고 할 수 있다. 왜냐하면 이 패턴들이야말로 우리가 이 지역이 북쪽 지역보다 반응성이 훨씬 강할 것이라고 예상할 수 있는 근거를 마련해 주기 때문이다. 실제로 그 지역들은 주위 환경에 매우 적극적인 작용을 가하기 때문에 그 용도가 훨씬 넓다. 그리고 자연은 아직 그 지역을 활용하지 못했다. 그러나 자연의 자식인 인류는 그 지역을 개발하고 그 원소들을 활용했다.

라듐은 고도의 방사능을 띠기 때문에(이것은 화학적 특성이 아니라 원자핵의 물리학적 특성이다.) 사람에게 유해한 방향으로 증식하는 세포들을 죽이는 데 사용된다. 방사능을 갖는 스트론튬인 스트론튬 90은 방사성 낙진의 구성 성분으로, 뼈 속에 칼슘 대신 이 물질이 축적되면 생명 활동을 위해 필요한 세포들을 죽여 백혈병을 일으킬 수 있다.

그러면 이제 다시 지협을 가로질러 동쪽 직사각형 영역으로 들어가 보자. 동쪽 직사각형 영역의 산물들은 상상을 초월할 만큼 풍부하다. 가장 흥미로운 지역은 북쪽 해안 지대인데, 그중에서 두 지역이 이미 우리가 방문했던 산소와 질소의 지역이다.

그러나 북쪽 해안 지대에 속하는 어떤 지역도 ─ 또는 그 점에 관한 한 이 왕국 전체의 어떤 지역도──탄소 지역만큼 비옥한 곳은 없다. 탄소는 매우 평범한 원소이며, 다른 원소와 쉽게 연결되는 특성을 갖는다. 이 왕국의 동쪽 일부 지역과만 연결을 갖는 플루오르와는 달리, 탄소는 변덕쟁이가 아니다. 생명의 화학이라는 측면에서 이런 겸손함은 큰 보상을 얻었다. 그리고 탄소는 그 품성에 걸맞게 별다른 소동도 없이 원소 왕국의 왕이라는 지위를 획득했다.

 탄소가 유기 화합물을 구성하는 원소라는 사실은 새삼 강조할 필요가 없다. 우리가 '생명'이라고 부르는 매우 특수하고 극도로 복잡한 특성은 거의 전적으로 왕국의 이 검은 북쪽 지역에서 비롯되었다.

탄소의 바로 남쪽에 규소(실리콘)가 있다. 대개의 이웃들이 그러하듯이 규소 역시 쉽게 분간하기 힘들 만큼 비슷한 특성을 갖는다. 규소도 탄소와 마찬가지로 (그 정도는 조금 떨어지지만) 생명 현상과 같은 복잡한 과정에 필요한 기다란 분자 사슬을 형성할 수 있다.

 그러나 규소는 독자적으로 생명을 발생시키지는 못했다. 아니, 어쩌면 휴면 상태인지도 모른다. 탄소의 가장 중요한 산물인 생물은 수십억 년 동안 정보(우리가 '생명'이라고 부르는 현상의 정수만을 뽑아내 생명을 가장 간결하게 정의한다면 그것은 '정보'일 것이다.)를 축적하고 분산시킬 수 있는 메커니즘을 수립해 왔다. 그리고 그 과정에서 규소는 대기석에 머물러 있어야 했다.

최근 들어 이 두 지역이 연합하기 시작했다. 다시 말해서 탄소에 기초한 생물(인간)이 규소에 기초한 정보 기술의 인공물(컴퓨터)을 탄생시킨 것이다. 역사적으로 한발 앞서 발전한 탄소 유기체가 끊임없이 규소의 잠재력을 활용하고 있기 때문에, 언젠가는 규소도 북쪽 이웃의 주도권을 역전시켜 지배적인 지위를 장악할지도 모른다. 장기적인 관점에서 본다면 그렇게 될 가능성은 충분히 있다. 규소의 경우 신진대사와 복제가 탄소처럼 복잡하고 어지러울 필요가 없기 때문이다.

여기에서 우리는 왕국의 어느 곳에서든 쉽게 발견할 수 있는 동맹(결합)의 가장 미묘한 상호 작용을 관찰할 수 있다. 그것은 탄소가 먼저 힘겨운 개발의 멍에를 지지 않는 한 규소가 결코 그 잠재력을 실현시킬 수 없을 것이라는 사실이다.

이 지역의 상공에 공중 정지하면 왕국의 특징적인 한 가지 리듬을 관찰할 수 있다. 탄소는 그 동쪽이나 서쪽의 이웃인 붕소나 질소와 마찬가지로 전형적인 비금속 원소이다.

그러나 곧장 남쪽으로 날아가면 비스듬하게 동쪽 직사각형 영역으로—즉 북서에서 남동 방향으로—돌출한 서부 사막의 가장자리에 도달할 수 있다. 이 돌출한 삼각형 지역에 사막의 잔존물들이 남아 있다. 알루미늄, 주석, 납처럼 우리에게 친숙한 금속 원소들과 갈륨이나 탈륨과 같은 귀에 익지 않은 금속들의 지역이 여기에 해당한다. 여기에서 주목해야 할 패턴은 사선 방향이다. 다시 말해서 왕국을 북서에서 남동으로 가로지르는 사선에서 나타나는 미개척의 특성들과 그 유사성이다.

서부 해안 지역의 금속들이 그 반응성에서 무척 위험스러운 데 비해, 이곳 사막의 동쪽 부속지에 해당하는 지역의 금속들은 훨씬 조용한 반응을 보인다. 너무 조용해서 화학적 무관심이라고 일컬을 수 있을 정도이다.

일례로 주석은 북쪽 이웃에 해당하는 알루미늄이 깡통의 뼈(철)와 피부(주석)를 한꺼번에 몰아내고 음료수 용기 분야를 완전히 평정하기 전까지는 콜라처럼 부식성이 강한 음료수를 담는, 강철로 만든 깡통을 감싸는 피막으로 사용되기도 했다.

주석의 남쪽 이웃인 납은 화학적 무반응이라는 측면에서 훨씬 긴 역사를 가지고 있다. 로마 제국 말기에서 오늘날에 이르기까지 납은 부식성이 강한 액체가 지나는 도관(導管)으로 이용되어 왔다.

납은 물과 만났을 때 완전한 불활성이 아니며, 극미량이라도 사람의 뇌 속으로 침투하면 정신 작용을 쇠퇴시킨다. 그 때문에 로마 제국의 몰락이 촉진됐다는 사실은 무척 수치스러운 일이다. 이처럼 납은 분명 결합을 형성할 수 있다. 구체적으로 이야기하자면 멀리 떨어진 북쪽의 탄소와 남쪽 깊숙한 오지의 납이 결합할 수 있다.

서부 사막의 동쪽 가장자리와 서쪽 가장자리의 뚜렷한 차이(동쪽은 조용하고 안정적이며, 서쪽은 격렬하고 유독하다.)는 지협이 두 지역 사이에 일시적인 다리를 놓고 있음을 암시하고 있다 그림 2.

그 일시적인 특성은 지협 자체에서도 드러난다. 맨 서쪽의 스칸듐은 매우 격렬한 금속인 반면, 지협의 동쪽 가장자리에 가까운 구리는 매우 온건하다. 실제로 지협에 속하는 원소들은 전이 금속(transition metal)이라고 불린다. 이 지협의 동쪽 인접부(아연, 카드뮴, 수은)를 이 명칭에서 제외시킨 데에는 몇 가지 전문적인 이유가 있다. 그러나 넓은 의미에서는 지협이 서쪽에서 동쪽으로 화학 반응이 점차 완만하게 쇠퇴되는 경사면을 이룬다고 생각할 수 있다.

그러면 동쪽 직사각형 영역으로 다시 돌아가기로 하자. 금속이 차츰 자취를 감추고 비금속에게 자리를 내주는 북서-남동에 걸친 선에 해당하는 서부 사막의 비스듬한 대각선 경계에는 준(準)금

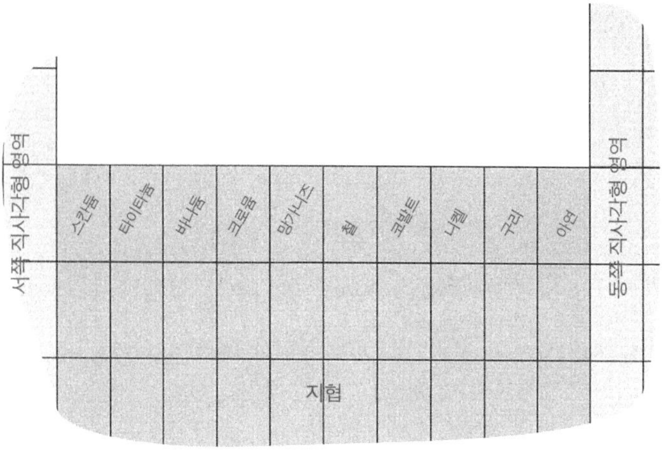

그림 2
지협을 구성하고 있는 전이 금속들. 이 지협이 동쪽 직사각형 영역과 서쪽 직사각형 영역을 서로 연결해 주고 있다.

속(metalloid)이라고 불리는 원소들이 모여 있는 애매한 지역이 가로놓여 있다. 준금속이란 말 그대로 금속과 비금속의 특성을 모두 갖춘 중간적인 원소를 말한다.

이 비스듬한 지역에는 우리가 잘 알고 있는 규소나 비소와 같은 원소 그리고 안티모니나 폴로늄처럼 자주 들어 보지 못한 원소들의 지역이 포함되이 있다. 그런데 탄소가 이 지역에 인접해 있고, 규소가 그 지역에 포함된다는 사실을 간과해서는 안 된다. 이 모호한 영토가 삼라만상 중에서 가장 복잡한 특성인 생명과 의식을 가능케 해 준 원소들을 포괄하고 있음은 단지 우연만은 아닐 것이다.

준금속의 모호한 영토를 가로지르면 우리는 동쪽 직사각형 영역의 심장부에 도달하게 된다. 그곳은 비금속의 영역이다. 여기에는 질소, 산소, 할로겐처럼 우리 귀에 친숙한 지역들이 포함된다.

질소와 산소의 남쪽에는 오랜 기간 동안 자연이 이미 존재를 알고 있었고 충분히 개발한 두 지역이 있다.

질소의 바로 남쪽에 인의 영토가 있다. 인은 처음에 오줌을 증류하는 방법으로 추출되었다. 이 사실은 화학자들이 인을 추출한 역사가 상당히 오래되었음을 보여 주는 한편, 화학자라는 직업의 근원이 배설물을 분석하는 분변학(糞便學)이라는 그다지 향기롭지 못한 학문에서 비롯되었음을 알려 준다.

최초의 분리가 이루어진 후, 인에는 황린(黃燐)과 적린(赤燐), 그리고 금속적인 흑린(黑燐) 등 여러 가지 종류가 있다는 사실이 발견되었다. 그러나 이 자리에서는 이런 종류들까지 상세히 소개하지는 않겠다. 그보다는 북쪽 해안에서 내륙 지방을 향해 여행해 들어가는 과정에서 그 특성들이 얼마나 뚜렷하게 변화하는가를 살펴보는 것이 훨씬 더 중요하기 때문이다.

해안가 지역에 위치한 질소는 무색, 무반응성 기체이다. 반면 해안 바로 안쪽의 내륙 지역에는 색이 있는 반응성 고체인 인이 자리 잡고 있다. 동쪽으로 한 걸음 발을 옮기면 이와 유사한, 극심한 차이를 또 찾아볼 수 있다. 노란색 고체인 황이 무색 기체인 산소의 바로 남쪽에 있기 때문이다. 해안 평야와 그와 인접한 남쪽으로 연결되어 있는 지역 사이에도 그와 흡사한 낭떠러지가 있다. 실제로 붕소에서 플루오르에 이르는 북쪽 해안의 모든 지역들은 인접한 남쪽 지역들과 현격한 차이를 나타낸다.

나중에 우리는 두 가지 흐름을 이루고 있는 이 원소들이 외관과 용도를 중시하는 표면 탐사와는 달리 더 깊은 수준에서 근본적인 유사성을 가지며, 왜 두 계열의 원소들이 주기율표에서와 같은 위치에 배열되어야 하는지 그 이유를 알 수 있게 될 것이다.

우리가 탐사하고 있는 왕국의 이 작은 지역에 생물을 구성하는 가장 중요한 기본 원소인 탄소, 질소, 산소, 그리고 인이 포함되어 있다. 서로 미묘한 차이를 가진 채 모여 있는 이 친족 관계 속에서 복잡성이 꽃피기 시작했다.

우리는 인이 뼈(인산칼슘)를 구성하는 원소라는 사실을 익히 알고 있다. 그러나 이 지역은 이미 자연에 의해 척추동물이 탄생할 수 있는 발판 이상의 수준으로 채굴되었다. 자연은 인이 유기체가 에너지를 생성하는 데 가장 적합한 극히 미묘한 특성을 갖추고 있다는 사실을 발견했다.

생명이 갖고 있는 가장 두드러진 특성은 한순간에 불타오르는 것이 아니라, 아주 느린 속도로 치밀하게 에너지를 배분하면서, 마치 시계의 태엽이 풀리듯 완만하게 에너지를 소모한다는 것이다. 여기에서는 한 점에 불과한 에너지가 다른 곳(생물 속)에서는 결코 갑작스러운 분출을 보이지 않는 것이다. 즉 생명이란 극도로 제어된 에너지의 풀림이다.

인이 아데노신 3인산(adenosine triphosphate, ATP)의 형태로 에너지의 교묘한 배치를 조정하는 완벽한 방향타 구실을 한다는 사실은 이미 밝혀졌다. ATP는 모든 생물이 공통적으로 가지는 구조이다. 바이러스에는 ATP가 없다. 그러나 바이러스는 숙주로부터 ATP를 획득할 수 있다. 따라서 바이러스는 ATP를 얻는 순간부터 생명 활동이라는 불을 붙이게 된다.

여기에서 우리는 또 하나의 유기적 결합을 목격하게 된다. 즉 질소로 구성된 단백질의 제어하에 에너지의 이용과 보존에 필수적인 질소와 그 배분에 결정적인 역할을 하는 인이 결합을 이루는 것이다. 인이 갖는 가장 큰 중요성은 왕국의 이 영역에서 가장 중요한 활동을 가능하게 하는 농약 산업의 성립을 촉진시켰다는 점이다. 농작물의 성장은 풍부한 인을 얻을 수 있느냐의 여부에 절대적으로 달려 있기 때문이다. 우리 인체가 인을 필요로 하듯이, 매년 경작되는 무수한 농작물들의 세포 하나하나도 모두 인을 필요로 한다. 그리고 우리는 바로 그렇게 경작된 곡물을 통해 인을 흡수한다.

황의 영역 또한 자연에 의해 이미 개발되었다. 황은 지극히 우연적이고 맹목적인, 그러나 매우 효율적인 자연의 방식에 의해 생명이 탄생할 수 있는 가능성을 찾는 최초의 탐색 과정에서 활용되었다. 자연은 여러 가지 측면에서 물(H_2O)과 비슷한 유화수소(H_2S)가 물이 광합성에 사용되듯이 수소를 제공할 수 있는 원천으로 유기체에 이용될 수 있음을 깨달았다. 그러나 두 원소 사이에서 주목해야 할 결정적인 차이, 녹색 식물에 의해 수소가 물 분자에서 분리될 때 그 배설물로 기체 상태의 산소가 배출되며, 그 산소가 지구 전체로 퍼져 나가 대기(大氣)와 섞여 들어가게 되었다는 사실이다.

그러나 수소가 박테리아의 내부에서 유화수소로부터 분리될 때에는 황이 배출된다. 황은 고체이기 때문에 공기 중으로 흩어지지 않는다. 따라서 유기체의 군집들은 점점 자신들의 배설물이 집적되어 그 크기가 증가한 배설물 무더기 위에서 삶을 영위하는 생존 방식을 개발하지 않을 수 없었다. 우리는 지금도 멕시코 만 아래쪽에서 고대에 형성된 이 황의 배설물 무더기를 파내고 있다.

황의 북쪽 이웃인 산소가 생명의 역사를 통해 정보의 전달과 축적 과정을 생성시키려는 자연의 맹목적인 시도 속에서 황을 대체할 수 있는 강력한 대안임이 입증되었다. 오늘날 황을 이용하는 유기체는 극소수에 불과하다. 그리고 유화수소는 자연의 후미진 자리를 메우고 있는 열등하고 원시적인 생물 종(種)에 의해 이용되고 있을 뿐이다.

그렇다고 해서 오늘날의 생물이 자신의 목적을 위해 황을 이용하는 방법을 전혀 고안해 내지 않았다는 뜻은 아니다. 실제로 황과 산소의 화합물인 황산은 화학 산업의 가장 중요한 생산물이다. 제조 과정에서 황산과의 접촉을 거치지 않는 공산품은 거의 없을 정도이다. 황산의 생산은 한 나라의 경제를 가늠할 수 있는 척도로 이용되어 왔다. 더구나 이 척도는 점차 그 나라의 농업 생산력을 측정하는 잣대로 활용되고 있다. 이것은 황산이 화학 비료의 생산에 크게 기여하고 있기 때문이다.

이론적인 작용은 황산이 포함되어 있는 암석에서 인산염을 추출해 내는 것이다. 그러나 우리는 여기에서 또 다른 결합을 발견할 수 있다. 탄소에 기초한 유기체들이 황에 기초한 산(酸)을 이용해서 질소에 기초한 단백질에 동력을 공급하기 위한 목적으로 인에 기초한 비료를 생산해 내는 것이다.

이 해안 지역의 남쪽에서는 특성의 편차가 그리 심하게 나타나지 않는다. 이미 살펴보았듯이 일반적인 경향은 남동쪽으로 자취를 감추어 가면서 비금속적 특성이 금속적 특성에 자리를 내주고 있는 양상이다. 이곳에는 자연이 거의 활용할 수 없었던 셀레늄, 텔루륨, 폴로늄, 그리고 비소가 있고, 여기에서 조금 더 서쪽으로 내려가면 안티모니, 비스무트(창연(蒼鉛)이라고도 한다.―옮긴이)의 지역들이 펼쳐진다.

생명을 창출하는 데 큰 역할을 한 인의 바로 남쪽에 위치한 비소는 고대에는 독약으로 사용되기도 했다. 비소가 독으로 사용될 수 있었던 까닭은 인과 상당히 가까운 특성 때문이다. 그 유사성 덕분에 인이 수행하고 있는 반응 과정에 슬그머니 끼어들어서 (생물 내에서 이루어지는) 반응의 진행을 가로막는 것이다. 그러나 생물 세포의 신진대사 체계는 비소와 인의 미묘한 차이를 식별해 내지 못한다. 비소는 살상에 이용되지만, 전염병과 싸우는 약품으로 이용되기도 하며 독가스의 일종인 신경가스로 활용되기도 한다.

이곳의 동쪽에는 할로겐족 원소들, 북쪽에는 플루오르, 남쪽에는 아이오딘이 있다. 아이오딘 바로 아래쪽, 그러니까 남쪽 해안에는 우리에게 잘 알려져 있지 않은 아스타틴 지역이 있다. 아스타틴과는 달리 할로겐은 자연과 산업 모두에 매우 유용하며, 이 지역들은 그동안 폭넓게 개발되어 왔다.

플루오르는 19세기 말에 화학 탐험가들이 이곳으로 처음 발을 들여놓기까지는 실험적인 측면에서 매우 신비스러운 영역으로 남아 있었다. 플루오르는 화학적으로 독성이 강한 기체이며 저장하기도 힘들다. 플루오르가 저장 용기를 금방 벌집으로 만들어 버리기 때문이다.

그러나 20세기 중반에 이르러 핵 무기와 그 평화적인 이용인 핵 발전 등에 사용하기 위해 우라늄의 동위 원소를 분리시킬 필요가 제기되었고, 그 분리 과정에서 휘발성 화합물인 우라늄 헥사플루오라이드를 사용하게 되었으며, 그로 인해 플루오르가 대량으로 필요하게 되었다. 따라서 오늘날에는 이 원소를 다룰 수 있는 여러 가지 방법이 개발되었다. 그리고 그 결과 여러 분야에서 플루오르를 사용할 수 있게 되었다.

가장 바람직한 결과 중 하나는 플루오르가 치아의 법랑질을 강화하는 데 사용되어 전 세계 사람들의 치아 건강을 전반적으로 향상시켰다는 점이다. 또한 플루오르를 손쉽게 활용할 수 있게 되면서 탄화플루오르의 생산이 가능하게 되었다. 탄화플루오르가 우리 생활에 가져다준 가장 큰 편익은 프라이팬이나 냄비가 눌어붙지 않게 하는 코팅이다.

플루오르 바로 남쪽에 위치한 염소 지역은 자연과 산업 모두에 의해 충분히 개발되었다. 해수(海水)에서 다량의 염소를 발견할 수 있기 때문이다. 오늘날에는 바닷물 속의 염화나트륨, 즉 소금의 형태로 존재하는데, 이 소금은 약간의 정제를 거친 다음 식탁에 오른다. 염소는 우리 신체에서도 다량으로 발견된다. 우리 몸속에 들어 있는 유체는 생명이 처음 탄생한 바닷속의 환경과 상당히 비슷하다. 신체에서 염소가 맡는 역할은 바닷속에서와 마찬가지로 수동적이다.

염소는 나트륨과 결합하는 파트너의 역할 이외에 독자적인 기능을 거의 갖지 않는다. 그러나 기체 상태의 염소는 그 북쪽 이웃인 플루오르와 매우 흡사해서 공격적인 반응성을 지닌다. 따라서 염소 기체는 병원균과 사람을 죽이는 데 모두 사용된다.

그러나 염소는 이보다 훨씬 더 교묘한 방식으로 엄청난 숫자의 인명을 살상하는 주된 원인으로 작용할 수 있다. 클로로카본과 클로로플루오로카본은 냉장고 등에 냉매로 사용되는데, 이 과정에서 불가피하게 누출되는 기체가 대기 상층부로 올라가 지구 오존층을 줄어들게 만들기 때문이다.

산소의 기체상 동소체(同素體, 같은 원소로 이루어져 있으나 원자 배열이나 결합 방식이 다른 물질—옮긴이)인 오존은 태양에서 나오는 유해한 자외선 복사를 차단해 주는 차폐막 구실을 해 주는데, 태양에서 방출되는 자외선은 매우 섬세한 유기 분자들을 파괴시켜서 쓸모없는(때로는 위험스럽기까지 한) 조각들로 바꾸어 버린다. 염소는 오존 분자를 공격해서 보통의 산소 분자로 되돌려 놓는다. 그 때문에 지구를 보호해 주는 오존층의 막이 줄어들게 되는 것이다. 왕국의 이 영역에는 이로운 원소들이 많다. 그러나 이들 중 상당수는 우리 환경에 큰 손상을 입히기도 한다.

그 아래쪽에 브로민의 호수(액체 원소)가 있다. 이 호수는 동쪽 직사각형 영역에 있는 유일한 호수이고, 왕국 전체에서도 단 두 개밖에 없는 호수 중 하나이다. 자연은 원소들을 활용하면서 브로민을 무시하고 염소를 활용하는 방향으로 일관해 왔다. 염소가 브로민보다 훨씬 풍부했기 때문에 자연이라는 화학자는 굳이 브로민의 차이를 활용할 필요가 없었기 때문이다.

그러나 인간 화학자는 브로민이 매우 쓰임새가 많은 원소라는 사실을 발견했다. 브로민은 쉽게 유기 분자와 결합하거나 분리될 수 있기 때문이다. 따라서 유기 분자들을 여러 가지 산업적 용도에 맞게 바꾸는 수단으로 이용되었다.

브로민은 본질적으로 실용적이지만 비밀 연구소에서 활용되는 원소이다. 다시 말해서 소매상인들이 활용하기보다는 대규모 생산업자들이 이용해 왔다. 비록 흔하지는 않지만 무시할 수 없는 이 원소의 가장 쉽게 찾아볼 수 있는 적용 사례는 바로 사진이다. 취화은(臭化銀)은 은이 가진 특수한 광화학적 특성들을 활용하는 데 사용되고 브로민은 빛의 이미지를 포착하는 데 도움을 준다.

아이오딘은 브로민보다 자연에 의해 훨씬 많이 이용되었다. 아이오딘은 브로민과 상당한 차이가 있으며, 자연은 아이오딘을 외부 화학 물질이나 유기체의 침입에 맞서는 신체 내부의 방어 장치인 생화학적 과정에서 활용했다.

좁은 바다를 사이에 둔 '남쪽 섬'은 이 왕국의 특이한 속국(屬國)에 해당한다. 사실상 그곳은 서부 사막의 연장에 해당되는 지역으로 주기율의 왕국을 나타내는 일부 지도에서는 본토에 속하는 것으로 표시되기도 한다. 그 경우에는 전이 금속들로 구성된 좁은 지협 속으로 들어가게 된다.

남쪽 섬은 대체적으로 균일한 해변의 좁고 기다란 두 지역으로 구성되어 있다. 북쪽의 길쭉한 지역은 희토 산화물, 좀 더 전문적으로는 "란타넘족 원소"라고 불리는(일부 학자들은 여전히 이 원소들을 "내부 전이 금속(inner transition metal)"이라고 부른다. 이 명칭은 이 섬이 지협에 속한다는 생각을 강하게 반영하고 있다.) 상당히 유사한 특성을 가진 금속들로 이루어져 있다.

란타넘족 원소들은 서로 매우 비슷하기 때문에 최근까지 그 분리가 매우 힘들었다. 실제로 원소들의 특성이 거의 비슷하다는 사실은 그들을 서로 분리시키기 위해서 굳이 힘든 노력을 들일 가치가 별로 없음을 의미한다.

자연은 생명을 창출하는 과정에서 이 원소들을 거의 활용하지 않았고, 인류 역시 극히 최근에 이르러서야 이 지역에서 드문드문 유용한 용도를 찾아냈다. 그 한 가지 예로 가속된 전자 빔의 에너지를 텔레비전의 음극선관에서 여러 가지 색깔의 가시광선으로 변화시키는 형광 물질로 활용되고 있다.

이 섬의 기다란 남쪽 지역은 악티늄족 원소들로 구성되어 있다. 1940년대의 맨해튼 프로젝트(제2차 세계 대전 중에 이루어진 미국 원자 폭탄 계획의 암호명 ─ 옮긴이)를 통한 원자 폭탄의 개발과 연관된 시도가 있기 전까지, 주기율의 왕국은 우라늄 이상의 영역으로까지 확장되지 않았다. 맨해튼 프로젝트는 남쪽 섬의 토지 개척 사업을 진척시키는 데에는 매우 효율적인 역할을 했다. 이른바 초우라늄 원소(transuranium element)의 발견과 제조 과정에서 왕국의 영토가 확장되어 이윽고 섬의 남쪽 지역이 모두 개발되었기 때문이다. 본토의 남쪽 해안 지대에서는 이와 유사한 개간 작업이 지금도 계속되고 있으며, 그 작업은 몇 년마다 한 번씩 동쪽과 다른 지역으로 확산되고 있다.

그렇지만 최근에 개간된 이 지역들은 거의 사용되지 않고 있다. 그 지역에 속하는 원소들은 매우 불안정해서 극히 짧은 시간 동안만 유지될 수 있기 때문이다. 일례로 1994년에는 원소 기호

110번에 해당하는 원자가 인공적으로 탄생했다는 보도가 있기도 했다.

본토의 동쪽 해안에서는 할로겐에서 해안의 영족 기체에 이르기까지도 하나의 급격한 화학적 단절이 이루어진다. 물론 우리는 그처럼 큰 특성의 차이에도 불구하고 두 지역이 서로 인접한 이유에 대해 살펴보아야 할 것이다.

지질학에서는 지형의 급격한 융기가 일어나는 원인이 여러 가지 있다. 화학에서도 마찬가지이다. 영족 기체의 해안에서 반응성이 강한 할로겐의 언덕에 이르는 화학 반응의 갑작스러운 융기에는 나름대로의 이유가 있다. 이제 우리는 이 문제를 우리가 풀어야 하는 의문 보따리에 집어넣어야 할 것이다.

영족 기체가 모든 화학 작용에 대해 불활성이라고 해서 이 원소들의 지역이 왕국의 불모지라는 뜻은 결코 아니다. 어떤 점에서 불활성이라는 특성 자체가 유용성으로 탈바꿈할 수 있다. 그 영족 기체들은 지구의 대기처럼 활성이 강한 기체가 지나치게 많을 때 (지구 대기의 태반은 질소와 산소가 차지하고 있다.) 국부적으로 불활성 대기를 형성해 대기의 활성도를 적절하게 조절해 준다.

영족 기체는 그 밖에도 여러 가지 용도로 활용될 수 있는 유용한 특성들을 가지고 있다. 그중 하나가 헬륨의 낮은 끓는점이다. 그 특성 때문에 헬륨은 극저온이 요구되는 경우 냉각제로 이용된다. 또 하나의 특성은 전하가 이 기체를 통과할 때 다양한 색깔을 내서 표시 장치로 사용할 수 있다는 점이다. 이 현상은 우리가 네온사인이라고 부르는 장치에서 관찰할 수 있다.

원소의 왕국에서 응용이 불가능하거나, 자연과 인류가 개척하고 활용하지 않는 지역은 불과 몇 군데에 지나지 않는다. 지금까지 우리는 원소들의 극히 일반적인 용도와 특성만을 설명했다. 여행자들을 위한 개괄적인 안내에 불과한 이 설명을 통해 생화학, 광물학, 공업화학 등의 백과사전으로 나아가기 위해서는 훨씬 자세한 목록이 필요할 것이다. 그러나 실제 세계에도 지구 경제에 크게 기여하지 않는 지역들이 있듯이, 우리의 왕국에도 여러 가지 이유로 활발한 활동을 보이지 않는 지역들이 있다.

모든 원소는 최소한 몇 가지 변형을 갖는다. 경우에 따라서는 특정한 용도로 활용되기 위해 왕국에 포함된 다른 원소들에 비해 더 많은 변형을 갖기도 한다. 원소 그 자체가 갖는 고유한 특성이 있음에도 불구하고 활용되지 않는 데에는 그 나름의 여러 가지 이유가 있을 것이다. 거기에는 일반적으로 두 가지 이유가 있다.

하나는 그 원소가 지구상에 극히 적은 양밖에 없기 때문에 그 원소를 이용하는 것이 어려운 경우이다. 프랑슘이나 아스타틴이 거기에 해당한다. 이 원소들은 현미경으로 관찰할 수 있는 정도밖에는 존재하지 않기 때문에 상용으로 활용할 수 있는 가능성은 거의 없다. 내가 이 책을 쓰고 있는 현재 지구 전체를 통틀어서 프랑슘 원자는 모두 약 17개에 불과하다. 최근 남쪽 해안 지역에서 개간되기 시작한 초우라늄 원소 역시 그와 비슷한 정도밖에 되지 않는다. 따라서 극도의 희귀성 때문에 활용이 불가능한 형편이다.

두 번째 이유는 방사능이다. 남동쪽 깊숙한 오지에 위치한 비스무트는 안정성이라는 측면에서 경계선에 해당하는 지역이다. 그 경계선을 넘으면 모든 원소는 방사능을 갖는다. 앞바다의 섬(악티늄족 원소들)과 왕국 본토의 남쪽 가장자리는 매우 위험한 장소이다. 그곳에 속한 모든 원소들이 방사성 원소이기 때문이다. 예를 들어 라돈은 풍부한 원소이지만, 이 위험스러운 방사성 기체의 특성을 개발하려 드는 사람은 거의 없을 것이다. 남쪽 해안을 따라 계속 해골과 십자가가 그려진 위험 표지판이 줄을 지어 늘어서 있다. 이곳에서는 화학자들의 관심마저 퇴색할 지경이다. 지나친 위험성 때문에 호기심보다는 신중함이 지배하는 지역이기 때문이다.

3
주기율표 지리학

왕국의 겉모습을 시각적으로 관찰하는 것만으로는 여러 가지 특성을 파악할 수 없다. 실제 국가들의 지형을 관찰하는 경우도 마찬가지이다. 왕국을 구성하는 여러 지역들에 대해, 그리고 왕국에 내재하는 리듬에 관해 더 깊은 지식을 얻으려면 측량이 필요하다. 이런 측량 중 일부는 무척 간단하지만, 다른 일부는 훨씬 복잡하다. 그러나 어떤 방법으로 측량하든 각각의 지역에 수치를 부여할 수 있으며, 수치의 차이를 통해 그 지역의 지형적 특성을 예상할 수 있다.

이것은 실제 지형도를 작성하는 과정과 마찬가지이다. 지도를 작성하려면 우선 고도를 측정한 다음 여러 가지 색깔을 입히거나 모형을 만들어 실제 토지의 고저(高低)를 나타낸다. 그리고 색깔과 등고선을 이용해서 인구 밀집도나 토양의 산성도와 같은 그 밖의 다른 특성들을 나타낼 수도 있다.

이 장에서는 왕국의 풍경 속에 깔려 있는 보이지 않는 이차적인 상을 탐험하고자 한다. 여기에서 여러 가지 특성의 변화는 고도의 변화로 묘사된다. 이곳은 화학자들이 꿈꾸는 상상 속의 왕국이기 때문에 그 진실성을 제외하고는 그 묘사의 정확성에 대해 강박관념을 가질 필요는 없다. 단지 우리의 마음의 눈 속에서 그 지형은 우리가 그리고자 하는 특성들에 따라 오르내림을 계속할 것이다.

이미 우리는 화학 작용의 고저를 나타낸 이 풍경이 마치 꿈결처럼 완만한 이행을 나타내는 몇 가지 예를 살펴보았다. 동쪽의 가파른 절벽이, 할로겐이 거주하는 평야에서부터 영족 기체의 해안 지역에 이르기까지 천천히 하강을 계속한다. 북쪽 해안이 그 물리·화학적 특성에 의해 남쪽 고원 지대와 전혀 다른 것으로 표현됐을 때에도 우리는 고도를 연상했다. 그러나 이러한 묘사에서 실질적인 양(量)은 아무 의미도 없다. 그것은 단지 우리의 연상을 불러일으키기 위한 상징화에 불과하다.

그렇지만 지금 우리는 원소들의 물리적 특성을 잘 정리해 얻은 실제 숫자를 묘사하고자 한다. 그 과정에서 가상의 풍경이 갖는 고도와 깊이는 훨씬 더 실감 있게 느껴질 것이다. 그러나 실제 깊이나 고도가 아님은 말할 것도 없다.

왕국의 물리적인 지형에 대한 충분한 탐사를 시작하려면 또 하나의 중요한 단계를 거쳐야 한다. 앞 장에서 우리는 하늘에서 내려다보는 모습으로 이 왕국을 개괄하면서 여러 지역을 살펴보고 아득히 멀리까지 굽이치는 리듬을 관찰했다. 우리는 원소들의 현상적인 모습, 즉 외양, 형태, 색깔, 그리고 물리적 상태를 분석했다.

이제 우리는 직접 땅에 착륙할 것이다. 그리고 발을 딛는 곳마다 그 지형의 상세한 구조를 조사하고, 실제 관찰과 정확한 측정이 요구되는 지형은 즉각 상상의 눈을 통해 그 모형을 만들어 나갈 것이다. 상상의 눈을 빌리면 그 원소들을 구성하고 있는 원자를 손에 잡힐 듯이 생생하게 가시화시킬 수 있다. 따라서 지역마다 다른 원자들의 형태, 구조, 그리고 그 특성들을 살펴볼 수 있을 것이다.

원자에 대한 이야기는 왕국에 대한 설명의 뒷부분에서 더 자세하게 다룰 것이다. 원자와 그 내부 구조는 우리의 탐험을 완성하기 위해 없어서는 안 될 기반을 이루기 때문이다. 그러나 여기에서는 원자를 지붕을 이는 기와로 묘사하는 정도로도 충분하다. 한 지붕의 기왓장이 모두 똑같듯이 특정 지역을 구성하는 조약돌(원자)

들은 모두 같지만, 지역(원소)이 달라지면 조약돌도 달라진다는 뜻이다.

이 왕국에서는 현미경적 미세 구조가 그 특성의 차이와 기능의 토대를 구성한다. 특히 이 장에서는 원자들을 그 질량과 지름으로 구분할 것이다. 물론 이후 원자에 대해 좀 더 자세히 조사할 때에는 그 밖의 다른 특성들에 대해서도 설명할 것이다.

먼저 우리는 원자가 가진 가장 직접적인 특성을 살펴보게 될 것이다. 그것은 1×10^{-31}킬로그램과 1×10^{-29}킬로그램 사이에 해당하는 원자의 질량이다. 그런데 질량을 다룰 때에는 이렇게 복잡한 숫자보다 그 상대적인 수치를 사용해서 논의를 전개하는 편이 훨씬 편리하다.

설명을 쉽게 하기 위해서 수소 원자의 질량을 1로 삼고 다른 원자들의 질량을 그 값에 대한 상댓값으로 비교할 것이다. 따라서 수소 원자 질량의 12배 질량을 갖는 탄소 원자의 질량은 12로 나타낸다. 우라늄의 질량은 수소 원자의 약 238배에 달하기 때문에 질량 238로 표시된다. 오늘날 화학자들은 이 상대적인 질량의 척도를 한층 개량시켰다. 그러나 흔히 "원자량(atomic weight)"이라고 불리는 이 숫자들은 그보다 원시적인 방식으로 우리가 얻은 질량과 매우 가깝다는 사실이 밝혀졌다.

그러면 이제 마음의 눈을 통해 원소를 구성하는 원자의 상대적인 질량을 고도(高度)로 나타낸 왕국의 지형도를 살펴보기로 하자그림 3. 그 모습을 머릿속에 그리려면 왕국의 풍경이 북쪽 끝에서 멀리 떨어진 남동쪽의 방사성 지역들을 향해 차츰 오르막을 이룬다고 상상해야 한다. 남쪽 섬 역시 서쪽에서 동쪽을 향해 점차 상

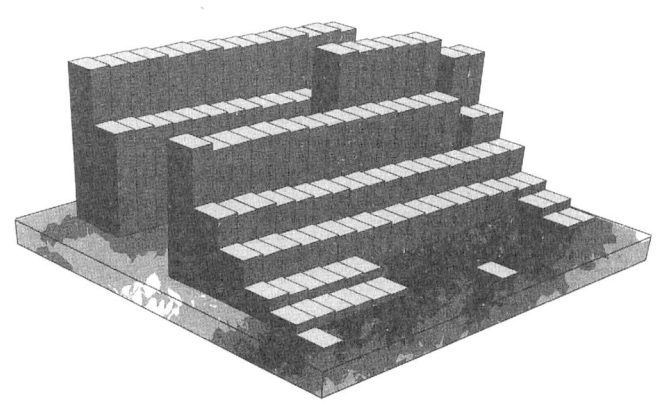

그림 3
원자의 질량을 기준으로 작성한 왕국의 지형도. 이것은 왕국의 북동쪽 모서리에서 왕국을 바라본 모습이다. 따라서 남쪽 섬이 가장 멀리 보이고, 오른쪽 앞으로는 파도 위에 간신히 솟아 있는 수소의 지역을 볼 수 있다.

승하며, 섬의 최남단에 해당하는 좁고 긴 땅은 북쪽의 길쭉한 지역보다 균일하게 높다. 본토의 어느 곳에서든 정동(正東)을 향해 여행하는 사람은 점차 고도가 높아지는 것을 깨닫게 될 것이다.

고도가 가장 낮은 곳은 북쪽의 전초 기지격인 수소의 지역, 헬륨의 북동쪽 곶, 그리고 북서쪽 곶에 해당하는 리튬 지역이다. 고도는 거의 모든 곳에서 균일하게 상승하며, 남쪽 해안을 여행하는 사람은 바다와 접한 저지대의 북쪽 해안을 여행하는 사람보다 200배 높은 고지대를 지나는 셈이다. 이 왕국에서 매우 특이한 풍경은 아득한 남서쪽에 새롭게 개간된 토지들이 높이 솟아 있는 모습이다. 그 땅들은 방사성을 띤 남쪽 해안에 깎아지른 듯한 절벽으로 솟아 있어 현기증 나는 자태를 보인다.

고도가 이처럼 완만한 경향을 나타내기 때문에 몇몇 지역들에서는 자칫 부주의한 여행자가 발을 헛딛을 수도 있다. 텔루륨과 아이오딘 사이의 동쪽 직사각형 영역의 여기저기에서는 꿈꾸는 듯한 발걸음으로는 잘못하면 실수를 저지를 수 있다. 이곳에서는 비록 약간이지만 오르막이 아닌 내리막이 나타나기 때문이다.

지형도에서 나타나는 이런 작은 단층(斷層)은 분명 지질학자들이 이야기하는 단층처럼 설명을 요구한다. 이제 우리는 설명이 필요한 관찰의 수준으로 들어섰기 때문이다. 좀 더 정확하게 이야기하자면, 우리의 지형도에 작은 단층들이 존재한다는 사실 자체는 원자의 질량이 원소의 근본적인 특징이 아닐 수 있음을 암시하는 것이다.

원자의 가장 중요한 궁극적 특징은 모든 단층들을 완전히 포괄할 수 있는 그런 특성은 아니다. 우리는 그것만으로는 물리·화학적인 그 밖의 모든 특성들을 상호 연관시키고 그 결과로 원소의 왕국을 완전히 설명할 수는 없다. 왕국의 풍경이 완만하게 상승하고 있기 때문에 원자의 질량이 왕국의 가장 근본적인 특성과 밀접하게 연관되어 있는 것처럼 생각되지만, 실은 질량 자체가 궁극적인 특성은 아니다.

그렇지만 이 왕국을 개척하는 선구자들은 남동쪽 지역이 북쪽과 서쪽 지역의 원자들에 비해 무겁다는 사실을 알아 두는 편이 유용할 것이다. 그들은 남쪽과 동쪽으로 가려면 등성이를 기어 올라가야 한다는 것을 알고 있다. 그리고 북서쪽 곶으로 통하는 길이 모두 내리막길이라는 사실도 알고 있다.

여러 지역 원자들의 지름의 차이를 이용해 지형도를 작성할 수도 있다. 그러나 지름의 차이는 질량보다 훨씬 적은 편이다. 무거운 원소인 우라늄의 지름이 가장 가벼운 원소인 수소의 2~3배에 불과하기 때문이다. 일반적인 원자의 지름은 약 0.3나노미터(nm), 또는 100만분의 1밀리미터 정도이다. 그것은 우리의 상상력이 닿을 수 없을 만큼 극미한 크기이다. 따라서 만약 원자의 지름을 고도로 나타낸다면, 질량으로 표시된 지형도의 풍경보다 훨씬 평평할 것이다.그림4. 그러나 곧 살펴보게 되겠지만, 우리는 지형도에 표시된 지름의 차이를 통해 많은 것을 이해할 수 있다.

넓은 관점에서 이야기하자면, 지름을 기초로 작성한 지형도는 북쪽에서 남쪽을 향해 높아지며 서쪽에서 동쪽으로 갈수록 낮아진다. 그러나 거기에는 여러 가지 예외가 있다. 이 모습을 처음 보는 순간, 직관과는 달리 원자들이 북서쪽에서 남동쪽으로 갈수록 무거워지면서 동시에 크기가 작아진다는 사실을 발견할 수 있다.

지협을 가로질러 서쪽에서 동쪽으로 가다 보면 일견 기이하게 보이는 이러한 경향을 찾아볼 수 있다. 그곳에서는 동쪽으로 갈수록 육지가 가라앉고, 다시 동쪽 직사각형 영역으로 들어서면 솟아오른다. 육지의 가운데 부분이 움푹 파인 것처럼 늘어진 까닭은 분명 왕국의 지리학에서 어떤 내부적인 요인이 작용하고 있기 때문일 것이다. 이 점은 우리가 설명해야 할 또 하나의 중요한 문제이다.

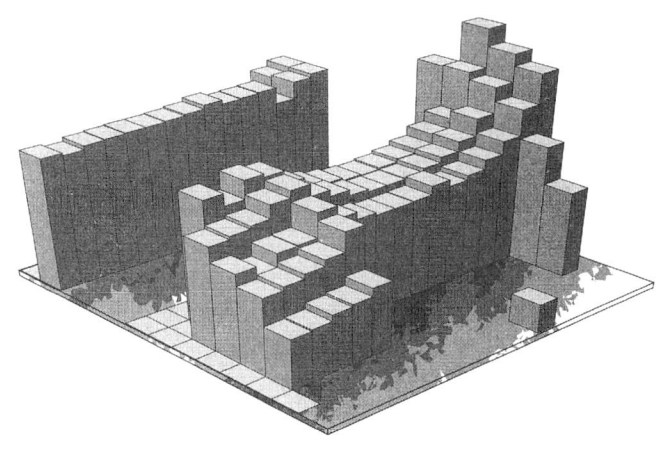

그림 4
원자의 지름을 기준으로 나타낸 주기율 왕국의 지형도. 이 지형도는 그림 3과 같은 위치에서 바라본 모습이다. 원자의 지름은 원소들이 형성하고 있는 결합의 길이에 토대를 둔 것이다. 따라서 영족 기체는 이런 방식으로 지름을 나타낼 수 없다. 영족 기체는 어떤 결합도 하지 않기 때문이다.

 이 지형도는 부수적인 또 하나의 특성을 가지고 있다. 질량으로 나타낸 지형도에서는 북쪽에서 남쪽으로 갈수록 예외 없이 지세가 상승하지만, 그 상승세는 남쪽 지역들에 비하여 훨씬 덜 두드러진다. 실제로 남쪽 해안에서 내륙 쪽으로는 미약하지만 완전히 상반되는 경향이 나타나기도 한다. 그리고 백금과 이리듐에 가까

운 지역들은 인접한 북쪽 지역들에 비해 낮다. 이것은 질량을 토대로 작성한 지형도와는 반대되는 경향이다.

지름으로 나타낸 지형도가 복잡한 지중해(남쪽 섬과 본토 사이의 바다―옮긴이)의 영향을 반영한다는 데에는 의문의 여지가 없다. 물론 지금 단계에서는 그 영향을 상상할 수조차 없지만, 지중해 지역은 지형의 특성에 깊은 영향을 미치며, 따라서 원소의 성격 자체에까지 영향을 미친다고 할 수 있다.

그러나 이처럼 복잡한 차이도 고도차가 임의적이지 않다는 사실 자체를 감추지는 못한다. 우리는 이 지형도에서 전반적인 지형이 평탄해지는 경향을 발견할 수 있다. 다시 말해서 솟아오르는 계곡, 늘어지고 군데군데 움푹 꺼진 고원, 비교적 질서 있게 늘어서 있는 골짜기, 협곡, 그리고 봉우리들을 찾아볼 수 있다. 여기에는 분명 내재적인 지질학이 작용하고 있다. 왕국은 다른 곳에서와 마찬가지로 여기에서도 하나의 리듬을 가지고 있다. 원소들이 배열되어 있는 모습이야말로 가장 뚜렷한 증거인 셈이다.

이제 원자에 대한 이야기를 접어 두고 실제 세계로 뛰어들어 일상적으로 마주칠 수 있는 실재(實在)와 접촉해 보자. 먼저 원소의 밀도(단위 부피당 질량)를 다루기로 하자 그림 5. 특히 우리는 서부 사막의 금속 원소들의 밀도를 살펴보게 될 것이다.

서쪽의 직사각형 영역과 지협을 따라 하나의 판(板)이 깔려 있고, 그 표면의 고도가 밀도를 나타낸다고 상상하자. 전반적으로 이야기하자면, 이 가상의 판의 고도는 북서쪽 곶(리튬)에서 사막 남동쪽에 있는 기다란 납의 지역을 향해 서서히 상승하고 있다. 이 상승은 균일하지 않으며, 가장 두드러진 특징은 이리듐과 오스뮴이 정상을 이루고 있는 높은 산봉우리이다.

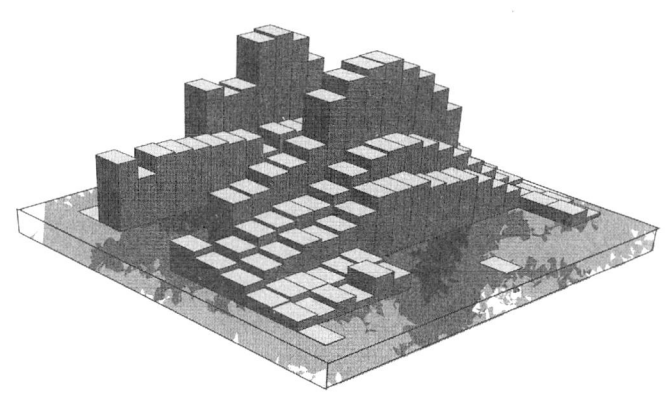

그림 5
고체 원소(고체화된 기체를 포함해서)의 밀도를 기준으로 작성한 지형도. 여기에서 이리듐과 오스뮴에 인접한 남쪽 지역이 가장 밀도가 높다는 점을 주목하라.

이 두 개의 봉우리는 모든 원소 중에서 밀도가 가장 높다. 두 원소의 질량은 1세제곱센티미터당 22그램에 가까울 정도이다. 밀도가 높은 금속의 전형이라 할 수 있는 납의 밀도도 1세제곱센티미터당 18그램에 불과하다. 그에 비해 멀리 북쪽에 위치한 마그네슘의 밀도는 1세제곱센티미터당 3그램에 불과하다.

이제 우리는 두드러진 특성의 차이를 해석하기 위한 첫걸음을 내디딜 만큼 충분히 이 왕국의 자연 지리학에 관한 지식을 그러모았다. 우리는 왕국을 북서에서 남동 방향으로 횡단해 갈수록, 특히 서부 사막이 동쪽 지역을 횡단해 갈 때 질량이 증가한다는 사실을 알았다. 그러나 아직 자세히 설명하지는 않았지만, 우리는 원자의 지름이 달라도 원자들이 큰 차이를 나타내지 않으며, 특히 북쪽에서 남쪽 방향으로는 크기가 현저히 증가하지 않는다는 사실을 살펴보았다.

작은 부피에 많은 질량이 축적될수록 밀도는 높아진다. 따라서 실제로 관찰했듯이, 우리는 남쪽 해안과 그 바로 안쪽 지역에 속하는 원소들이 특히 높은 밀도를 가질 것이라고 예상할 수 있다. 물론 이러한 밀도차에 대한 정확한 이해는 지름의 차이가 나타나는 이유를 알게 된 연후에야 얻을 수 있을 것이다. 그렇지만 지금 우리는 과학의 특징적인 단계, 즉 어떤 현상에 대한 설명을 구하기 위해 그 열쇠를 찾는 단계를 거치고 있는 것이다.

지금까지 우리는 자연 지리학의 설명으로 들어서는 첫 번째 작은 관문을 통과하기 위해 서부 사막 지역에 논의를 집중해 왔다. 이것은 그곳이 고체 원소의 지역으로서, 거의 비슷한 패턴으로 조밀하게 뭉쳐져 있는 마치 조약돌과도 같은 구형(球形)의 원자들로 구성되어 있기 때문이다.

어떤 원소를 이루는 원자들이 다른 원소의 원자들과 조금 다른 방식으로 배열되어 있다고 하더라도——가령 어떤 원소는 8개의 원자로 이루어지고, 다른 원소는 12개로 이루어지는 식으로——배열 방식의 차이는 매우 작다. 그와는 대조적으로 동쪽 직사각형 영역의 원소들은 훨씬 다양한 결합 방식을 갖는다. 일반적으로 직접 결합되어 있는 원자의 숫자는 더 적고, 훨씬 더 열려 있어서 마치 골조(framework)와도 같은 구조를 가지고 있다. 따라서 동쪽 직사각형 영역의 원자들의 밀도와 그 지름, 그리고 질량 사이의 상호관계를 찾기는 (가능하기는 하더라도) 매우 힘들다.

우리의 자연 지리학적 눈은 이제 다른 안경을 쓰고 전혀 다른 시각에서 이 왕국을 살피게 될 것이다. 지금부터 우리는 지형을 구성하는 조약돌(원자)의 질량과 지름의 문제를 접어 두고 그 조약돌들이 일으킬 수 있는 다양한 변화로 눈길을 돌리기로 한다. 결국 화학이란 물질의 변화를 다루는 학문이다. 따라서 우리 왕국의 이 측면을 살펴보는 것은 매우 중요하고 불가피한 일이다.

탐사 여행의 이 대목에서 우리는 여전히 우리의 관심을 원자가 일으키는 가장 초보적인 변화로 국한시킬 것이다. 그리고 왕국 전체에서 나타나는 특성들을 지도로 만들기로 한다. 이 과정에서 우리는 다시 한번 하나의 리듬을 발견하게 될 것이다. 그리고 그 리듬은 아무리 복잡한 화학 변화도 왕국의 전체적인 구조에 투영된다는 사실을 보여 주게 될 것이다.

특히 우리는 탄소가 갖는 잠재적인 범용성(汎用性)을 가늠하고 무엇이 탄소를 생명 탄생의 필수적인 요소로 만들었는지 살펴볼 수 있는 시각을 얻게 될 것이다.

이제 우리는 땅으로 내려와 지표면과 같은 높이에서 왕국을 조사해 나가면서 새로운 개념을 마련해 나갈 것이다. 왕국에 처음 발을 디디면 우리는 원소들이 원자적 구조라는 개념을 가지는 것은 땅의 구조 때문이라는 사실을 발견하게 된다.

영토의 하부 구조로 들어가기 위해서는 이온이라는 개념을 알아 둘 필요가 있다. 이온은 전자를 잃거나 얻어 대전(帶電)된 원자를 뜻한다. 전자는 음(-)으로 대전된 소립자이며, 원자가 화학적 성질을 갖는 것은 대체로 전자 때문이다. 하나의 원자가 전자를 잃으면 양(+)의 전기를 띠게 된다. 이때 그 전자가 하나, 둘 또는 셋의 전자를 잃음에 따라 하나, 둘 그리고 셋의 양전하를 갖게 되는데, 양으로 대전된 원자를 양이온이라고 부른다.

반대로 어떤 원자가 전자를 얻으면 음으로 대전된다. 하나의 전자가 추가되면 그 전자는 하나의 음전하를 갖게 되고, 두 개의 전자가 추가되면 두 개의 음전하를 갖게 되는데, 음으로 대전된 원자를 음이온이라고 부른다.

이러한 명칭을 붙인 사람은 마이클 패러데이(Michael Faraday)이다. 패러데이는 19세기에 이온 용액에 전류를 흘렸을 때 나타나는 효과를 측정하는 과정에서 이런 이름을 붙이게 되었다. 그는 용액 속에 전극을 넣었을 때 서로 다른 방향으로 이동하는 두 가지 종류의 이온이 존재한다는 사실을 발견했다. 하나는 양의 전극을 향하고 다른 하나는 음의 전극을 향해 움직였다. 이온(ion)이란 그리스어로 '여행'을 뜻한다. 또한 양이온을 뜻하는 영어 'cat-ion'에서 'cat'은 그리스어로 '아래쪽'을, 음이온을 뜻하는 'an-ion'의 'an'

은 '위'를 의미한다.

우리가 상상 속에 그리게 될 지형도는 원자들이 얼마나 쉽게 이온을 형성하는지를 잘 드러낼 것이다. 화학이 이온의 형성 또는 초기 형성 과정에 깊이 연관되어 있기 때문에, 우리가 상상한 풍경은 실제 화학적 특성의 묘사와 밀접한 연관을 가진다.

앞으로 살펴보게 되겠지만, 이 나라의 대지에는 미묘하고 복잡한 여러 가지 리듬이 있다. 그러나 그것은 임의적으로 변화하는 것이 아니라 명백하게 설명할 수 있는 리듬이다.

원소를 구성하는 한 원자에서 양으로 대전된 이온, 즉 양이온을 형성하는 데 필요한 에너지를 원소의 '이온화 에너지'라고 부르는데, 이 에너지는 여러 가지 단위로 표현될 수 있다. 그러나 우리의 목적에 비추어 가장 적절하고 편리한 단위는 전자볼트(eV)이다. 그 이유는 에너지의 크기를 곧바로 시각화시킬 수 있으며 1과 가까운 숫자로 표시할 수 있기 때문이다.

1전자볼트는 1볼트(V)의 전위차를 통해 하나의 전자를 이끌어 내는 데 필요한 에너지이다. 우리가 소형 카세트나 라디오에 흔히 사용하는 1.5볼트 건전지는 한 극에서 다른 극으로 하나의 전자가 이동할 때 1.5전자볼트의 에너지를 방출하며, 자동차의 12볼트

배터리에서는 12전자볼트의 에너지를 방출하는 셈이다.

 수소 원자의 이온화 에너지는 13.6전자볼트이다. 이 에너지를 시각화시키기 위해서 우리는 원자의 내부가 13.6볼트의 전위차를 가지며, 또한 원자에서 방출된 전자가 도달하는, 원자에서 멀리 떨어진 점들을—전위가 0볼트인—갖는다고 생각할 수 있다. 이온화 에너지의 값은 대략 중간값에 해당하는데, 전형적인 값은 4전자볼트(4볼트 차이)에서 15전자볼트(15볼트 차이) 사이에 해당한다.

 두 번째 전자를 떼어 내는 데 필요한 에너지는 전기적으로 중성인 원자에서 첫 번째 전자를 떼어 내는 데 들어가는 에너지보다 항상 크다. 그리고 세 번째 전자를 떼어 내는 데 필요한 에너지는 더 커진다. 이 자리에서는 이해를 쉽게 하기 위해서 제1이온화 에너지, 즉 중성인 원자에서 첫 번째 전자를 떼어 내는 데 필요한 에너지만을 다루기로 하자.

 이온화 에너지를 기준으로 작도한 지형도의 고도는 4전자볼트(세슘)에서 25전자볼트(헬륨)에 이르기까지 다양하다. 여기서 우리는 한 가지 폭넓은 경향을 쉽게 식별할 수 있다. 그렇지만 파도를 이루고 있는 여러 가지 파문, 움푹 들어간 부분, 그리고 흐름을 벗어난 부분에 대해서도 주의를 기울여야 한다 그림 6. 전반적인 경향은 왕국을 서쪽에서 동쪽으로 가로지르면서 점차 이온화 에너지가 상승해 간다는 사실이다. 일례로 알칼리 금속 지역에 해당하는 서쪽의 해안 지대에서 이온화 에너지는 리튬의 5.4전자볼트에서 세슘의 3.9전자볼트로 떨어지는데, 여기에는 두드러진 화학적

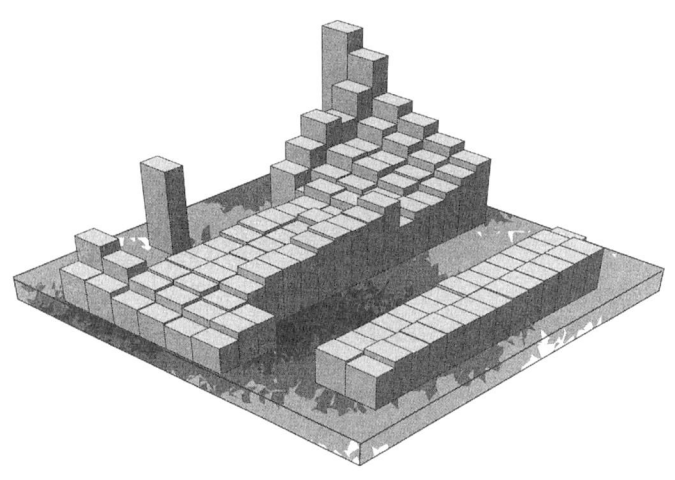

그림 6
원소의 이온화 에너지를 기준으로 작성한 지형도. 이 그림은 남서쪽에서 바라본 모습이다. 저 멀리 가장 높이 솟은 세 개의 봉우리는 플루오르, 네온, 그리고 헬륨이다.

상호 관계가 작용한다.

　이 해안 지역에 비가 내리면 세슘을 향해 남쪽으로 내려갈수록 조용한 비등에서 격렬한 폭발로 점차 반응의 정도가 심해진다는 사실은 이미 앞에서 살펴보았다. 반응의 세기는 그 (원소를 구성하는) 원자가 전자를 얼마나 쉽게 내놓을 수 있는가와 깊은 연관을 갖는다.

　또한 이러한 경향은 원자의 지름에서 나타나는 차이와도 관계된다. 리튬에서 세슘으로 갈수록 원자의 지름은 점차 커지며, 그에 따라 전자를 떼어 내기가 쉬워지기 때문이다. 왕국의 리듬들은 전체적으로 화음을 형성하기 시작하지만 부분적으로는 여전히 일련의 상호 연관을 갖지 않는 가락들이 남아 있다.

　이온화 에너지가 서쪽에서 동쪽을 향해 증가하는 경향은 완전히 균일하지는 않다. 그러나 한눈에도 동쪽 직사각형 영역에 속하는 지역들이 서쪽 직사각형 영역에 비해 훨씬 더 높다는 사실을 금방 알 수 있다. 곧 살펴보게 되겠지만 지협을 가로지르면서 가장 복잡한 다양성이 나타나며, 이 원소들이 일으키는 화학 반응의 복잡성은 바로 이러한 다양성을 반영하는 것이다. 그러나 지협을 넘어서까지 계속되는 전반적인 상승세는 이 금속들의 전이적 성격과 맥을 같이한다.

서부 사막의 낮은 지세도 우리를 놀라게 하지는 않는다. 금속의 한 특성이 전류를 쉽게 전달할 수 있는 것이라는 사실을 모르는 사람은 아무도 없을 것이다. 전류란 전자들이 고체를 통과하는 일련의 흐름을 가리킨다. 이런 전자들의 흐름이 가능하려면 최소한 그 원자를 구성하는 전자들의 일부가 이동할 수 있어야 한다. 다시 말해서 고체 속에 밀집해 있는 원자들이 공통의 풀(pool) 속으로 전자들을 방출해야 한다는 뜻이다. 그 풀은 원자들이 전자를 방출한 결과 발생한 양이온 속에 형성된 바다와도 같다.

우리는 이 금속의 영토에 떨어져 있는 조약돌들을 원자가 아닌 양이온으로 생각해야 한다. 그 양이온의 조약돌들은 널리 세력을 뻗치고 있는 전자의 바닷속에 빠져 한데 뭉쳐 있는데, 이 전자들은 그곳에 가해진 전기장에 따라 반응할 수 있다. 가령 금속이 배터리의 전극과 연결되어 있는 경우처럼, 그 전기장이 일정한 전위차(우리가 일반적으로 전압이라고 부르는)에 의해 야기된 것이라면 전자들은 흐름을 형성해서 전류를 일으킬 수 있다.

반면 그 전기장이 빛의 입사 광선, 다시 말해서 전기장과 자기장의 진동하는 파(波)인 전자기 복사일 경우, 전자들은 그 복사와 비슷한 방식으로 진동하면서 스스로도 빛(전자기파)을 생성한다. 빛이 금속 표면에 투사될 때 그 표면이 반짝이는 것은 그 때문이다. 금속 표면이 평평하다면 복사의 입사 패턴은 금속 표면에 생성된 복사에 의해 그대로 재생될 것이며, 따라서 우리는 거울상을 볼 수 있게 된다. 매끈한 금속 표면에 비춰진 우리 자신의 모습은 얼굴에서 반사된 광선이 금속에 닿아 생긴, 유동적인 전자의 바다에 일어난 파문인 셈이다.

어떤 의미에서 금속성을 갖는다는 것은 전자를 잃어버리기 쉬운 성질을 갖는 것이다. 동쪽으로 거슬러 올라갈수록 이온화 에너지가 상승함에 따라, 서부 사막은 동쪽 직사각형 영역의 비금속들에게 자리를 내준다. 그곳에서는 이온화 에너지가 너무 커져서 전자를 방출하기 힘들다.

이온화 에너지가 상승하는 부분적인 이유는 우리가 동쪽으로 여행을 계속할수록 원자의 지름이 작아지기 때문이다. 몇 가지 이유 때문에 왕국의 동쪽에 있는 단단하게 뭉친 원자들로부터 전자들을 떼어 내기는 점차 힘들어진다. 여기에서 우리는 다시 한번 크기와의 또 다른 상관성을 깨닫게 된다. 그것은 만약 우리가 원자의 지름에서 나타나는 다양한 차이를 충분히 이해하게 된다면, 이온화 에너지의 차이도 이해할 수 있음을 의미한다.

원자들이 이온화 에너지가 너무 높고 전자의 방출이 힘들기 때문에 극동 지역에서는 양이온을 쉽게 발견하리라고 예상하기 힘들지만, 그 대신 음이온(음으로 대전된 전자가 풍부한 이온)은 발견할 수 있을 것이다. 음이온의 형성 과정은 양이온의 경우에 비하면 훨씬 미묘하고 파악하기도 어렵다. 그러나 그 과정이 일어날 수 있음을 알려 주는 좋은 척도는 원자가 하나의 전자를 포획했을 때 나타나는 에너지 변화이다. 이 에너지 변화를 그 원소에 대한 전자 "친화도(affinity)"라고 부르는데, 그 친화도는 편리하게 전자볼트라는 단위로 측정된다.

양의 전자 친화도를 갖는 원자는 추가 전자를 하나 얻을 때마다 에너지를 방출한다. 반면 음의 전자 친화도를 갖는 원자는 추가 전자를 획득하는 데 대한 반발을 극복하기 위해 반대로 에너지를 공급받아야 한다. 할로겐과 같은 일부 원소들은 양의 전자 친화도를 가지며, 마그네슘이나 헬륨 등의 원소들은 음의 전자 친화도를 갖는다.

원소들은 두 번째나 세 번째 전자가 부가될 때에는 모두 음의 전자 친화도를 갖게 된다. 따라서 음이온에 전자를 부가하려면 에너지가 필요하다. 전자와 음이온 모두 음(-)으로 대전되어 있고 같은 전하끼리는 서로를 밀어내는 성질, 즉 반발력이 있기 때문이다.

그러면 이온화 에너지의 경우와 마찬가지로, 이제부터는 한 원소의 최초의 전자 친화도, 다시 말해서 중성인 원자에 전자를 추가시킬 때 수반되는 에너지 변화에 대해서만 살펴보기로 하겠다.

전자 친화도의 차이를 묘사한 지형도는 우리가 지금까지 작성한 다른 지형도들보다 훨씬 불규칙적이다. 전자 친화도가 음인 지역에서 지형은 해수면 아래로 내려간다. 반면 친화도가 높은 지역, 즉 음이온이 형성될 때 에너지가 방출되는 지역에서는 지형이 급격하게 상승한다.

그럼에도 불구하고 여기에서도 우리는 하나의 경향을 식별해낼 수 있다. 심연과 날카로운 봉우리들이 제멋대로 배열되어 있는 것처럼 보이지만 심연은 서쪽 해안을 향해 발생하고 봉우리들은 플루오르에 가까운 북동쪽 지역 근처에 주로 형성되어 있다. 하늘을 찌를 듯 높은 이온화 에너지를 가진 동쪽 연안 지대의 영족 기체들은 최소한 북쪽 지역에서는 음의 전자 친화도를 갖는다. 따라서 이온화 에너지의 산맥은 할로겐에 이르면 급격히 하강한다.

그러나 이 풍경에서 가장 주목해야 하는 주된 특징은 북동쪽에 형성되어 있는 무리를 이룬 산들, 특히 가장 먼 구석 쪽에 위치한 질소, 산소, 플루오르, 그리고 염소이다. 이 네 지역은 원소들 중에서 전자에 대해 가장 탐욕적인 곳이다. 따라서 여기에서 음이온이 형성될 가능성이 가장 높다.

이 지역에서도 원자의 지름과의 느슨한 연관성을 찾아볼 수 있다. 높은 전자 친화도는 (적어도 일반적으로) 왕국의 북동쪽 지역에서 발견되는 작고 밀집된 구조의 원자와 연관된다. 음이온의 형성, 그리고 원자에 전자가 부가되는 과정이 갖는 폭넓은 양상들을 올바로 이해하기 위해서는 전자의 친화도와 원자의 크기 사이에 왜 느슨한 연관성이 존재하는지, 그리고 그 차이 자체가 무엇을 뜻하는지 알아야 할 필요가 있다.

여러 지역들의 자연 지리학과 땅의 조성을 탐사하는 과정에서 우리는 여러 지역들의 위치와 그 일부 특성 사이에 상호 연관성이 있다는 사실을 알았다. 이 왕국은 여러 지역들을 조각 이불처럼 제멋대로 이어 붙인 것이 아니라, 그 표면에서 여러 가지 특성들을 피워 내는 내재하는 흐름의 표현이다.

그러면 이쯤에서 다시 한번 더 높은 고도로 올라가는 편이 왕국의 여러 가지 지형도를 요약하는 데 편리할 것이다. 원자의 질량을 나타낸 지형도는 그 위치와 가장 밀접한 관계를 가진다. 극히 적은 예외를 제외하고는 전체적인 지형이 북서쪽에서 남동쪽을 향해 상승하기 때문이다.

원자의 지름이라는 측면에서 원소들은 전반적으로 남쪽을 향해 상승하며, 서쪽에서 동쪽으로 갈수록 원자의 크기는 작아진다. 원자의 지름의 편차가 질량보다는 훨씬 작지만, 그 편차는 질량의 경우보다 훨씬 복잡하다. 이 완만하고 전반적인 경향을 중첩시키면 국부적으로 낭떠러지, 보조개처럼 움푹 파인 지역, 일시적인 상승 등을 볼 수 있다.

그러나 더 중요한 사실은 남부 해안의 원소들과 내륙 방향으로 이웃하는 원소들이 북쪽 지역에 대한 간단한 외삽(外揷)으로 예상할 수 있는 것보다 더 작은 원자의 지름을 갖는다는 점이다. 서부 사막에 속하는 원소들의 밀도는 북서쪽에서 남동쪽을 향해 점차 높아진다. 그리고 이례적으로 원자들의 크기가 작은 지역, 즉 남쪽 해안 지대의 원소들과 내륙의 이웃 원소들의 영역에서 밀도는 최고조에 달한다.

마지막으로 에너지와 연관된 특성들은 원자의 지름의 차이를 (정확하지는 않지만 대략적으로) 반영한다. 금속의 이온화 에너지는 낮으며, 세슘 근처의 가장 먼 남서쪽 지역에서 최저 수준에 이른다. 그리고 북동쪽 모서리에서 최고조에 도달한다.

우리는 그 원소들이 양이온을 즉시 형성하리라고는 예상할 수 없다. 전자 친화도의 차이는 훨씬 복잡한 방식으로 나타나며, 경우에 따라서는 가장 높은 수치 바로 옆에서 음의 값이 나타나기도 하는 등 불규칙하다. 그럼에도 불구하고 가장 먼 북동쪽 지역에서는 일반적으로 가장 높은 값을 발견할 수 있다. 따라서 우리는 이 원소들이 양이온을 형성하지 않고 음이온을 형성할 것이라고 예상할 수 있다.

HISTORY
2부 원소의 왕국의 역사

4
발견의 역사

많은 화학자, 물리학자, 그리고 장인(匠人)들이 왕국의 여러 지역들을 발견하는 데 공헌했다. 어떤 원소들은 전혀 생각지 않게 우연히 발견되었고, 어떤 원소들은 그 존재를 이미 예상하고 계획한 사람들의 용의주도한 탐사 여행 결과 발견되었다. 이런 탐험의 일부는 사람이 아직 발을 들여놓지 않은 땅을 처음 개간하는 것과도 같은 일이었다. 그 탐사가 새로운 육지가 발견될 수 있는 상당한 가능성을 가진 본토의 남쪽 기슭을 따라 이루어졌기 때문이다.

그러나 원소의 발견에 얽힌 많은 이야기들은 오래전에 이미 망각 속으로 사라져 버렸다. 어느 천재가 최초로 구리를 분리시켜 문명 진보의 길을 열었을까? 누가 최초로 철을 발견해 문명 발전의 수레바퀴를 더욱 힘차게 전진시켰을까? 아무도 알지 못한다.

화학의 역사에서 드레이크 제독, 마젤란, 캐벗, 그리고 쿡의 이름은 17세기 이후에야 우리에게 전해지기 시작했다. 그보다 앞선 고대의 탐험가들은 여전히 익명의 깊은 늪 속에 가라앉아 있을 뿐이다. 심지어는 일부 지역에 붙여진 원소 이름의 기원조차 제대로 알려지지 않아 추측에 의존할 수밖에 없는 경우도 있다.

현대에 이르자 여러 지역에 이름을 붙이는 일은 그 발견자들의 특권(최근에는 이 특권이 개인이 아니라 무슨무슨 위원회로 넘어가고 있지만)이 되었으며, 그 결과 새로운 원소에 붙여진 이름의 어원이 좀 더 분명하게 되었다.

그러나 아직도 몇 가지 논쟁이 계속되고 있다. 누가 최초로 왕국의 해안선의 특정 지역에 대해 올바른 요구를 제기했는지는 아직도 분명치 않으며, 위원회들은 이러한 국지적인 분쟁의 해결에 고심하고 있기 때문이다.

좀 더 넓은 관점에서 이야기하자면, 새로운 원소의 발견은 신기술의 발전에 의존해 왔다. 그리고 철이 타이타늄의 발견에 필요했던 것처럼, 새롭게 발견된 원소들은 다시 더 새로운 공업 기술의 발전을 가져올 것이다.

인류가 사용할 수 있었던 최초의 공업 기술은 불이었다. 불의 사용으로 화합물의 분리가 가능해졌다. 그 과정은 처음에는 도저히 이해할 수 없는, 마치 마술과도 흡사한 무엇이었다. 특정한 암석에 불을 가하기만 하면 철을 실용성 있는 크기로, 이용할 수 있는 형태로 끄집어낼 수 있었다.

불을 조심스럽게 관리해서 나무를 완전히 연소시키지만 않으면 나무에서 탄소(숯의 형태로)와 같은 다른 원소를 분리할 수 있었다. 이런 과정을 통해 장인들이 발견한 숯은 훨씬 높은 온도의 불을 만드는 데 사용되어 다른 암석들을 녹일 수 있었고, 그 결과 다시 새로운 금속들이 분리될 수 있었다. 주석, 납, 그리고 철과 이웃하는 그 밖의 지혈들이 이런 방법으로 개발되었으며, 이런 금속들의 발견은 다시 새로운 개간 작업을 부채질했다.

왕국의 대부분 지역들이 발견된 과정은 거의 우연이거나 행운의 결과였다. 금을 찾아 헤매는 황금광이나 단지 호기심으로 번쩍거리는 돌덩이나 단단한 운석을 주워 들고 나온 동굴 탐험가처럼 많은 사람들이 전혀 뜻하지 않게 새로운 지역에 발을 들여놓게 되었다. 그렇지만 그들은 힘겨운 연구를 한 사람들과 마찬가지로 중요한 포획물을 얻어 냈고, 그 결과 새로운 기술력의 탄생을 가져

왔으며, 인간의 지식 영역을 훨씬 멀리까지 넓혀 주었다.

이런 기술들은 이전까지만 해도 다른 원소와 결합된 상태에서 발견되었던 새로운 원소들을 분리해서 순수한 원소를 얻는 데 사용되었다. 한때는 새로 발견된 물질이 독립적인 원소인지 식별해 내기 힘든 시기가 있었으며, 그 결과 여러 차례 실수가 빚어지기도 했다.

그러나 현대의 기술들은 이런 모호성을 깨끗이 제거했다. 이제 우리는 견본을 택해서 그것을 원자로 만들고, 그 원자의 무게를 달아 모두가 같은 원자인지를 식별할 수 있게 되었다. 즉 그 견본이 단일한 원소로 구성되어 있는지 판단할 수 있게 된 것이다. 과거에는 정성적(定性的)인 자료를 기반으로 한 추론이 가장 중요한 도구였다. 왕국의 그토록 넓은 영역들을 이런 방식을 통해 발견할 수 있었다는 사실은 인간 이성의 뛰어난 능력을 상징하는 웅장한 기념비인 셈이다.

금, 구리, 황과 같은 일부 원소들은 자연 상태로 발견될 수 있었으며, 이런 원소들 중에는 지구 대기를 구성하는 기체들도 포함되어 있었다. 그러나 이렇게 눈에 보이지 않는 지구의 외피에 여러 원소들이 뒤섞여 있다는(부분적으로는 그 화합물들도 포함된다.) 사실을 올바로 이해하기 위해서는 조금 복잡한 설명이 필요하다. 그리고 이러한 사실은 왕국 역사상 거의 최근에 와서야 깨닫게 된 것이다.

가장 단순한 원소인 수소는 지하에서 바위가 형성되는 과정에서 발생해, 작은 공동(空洞)에 모인 순수한 것을 제외하고는 지구상에서는 거의 순수한 상태로 발견되지 않는다. 그러나 수소는 우주에서 가장 흔한 원소이다. 역시 풍부하지만 불활성인 헬륨을 제외한다면, 그 밖의 다른 원소들은 우주를 채우고 있는 수소에 섞여 있는 미량의(그러나 극히 중요한) 불순물이라고 할 수 있다.

수소가 우주 전체를 가득 채우고 있다는 사실은 극히 최근에 이르기까지 올바로 인식되지 못했다. 20세기 초에 이르러 천문학자들은 철학자들의 예견과는 정반대로 새로운 도구(여러 가지 형태의 분광기)를 개발했고, 그 도구를 이용해 물질에 흡수되거나 방출되는 빛의 특성을 조사할 수 있게 되었다. 그 결과 과학자들은 지구 이외의 천체●의 조성을 알아낼 수 있었다.

● 실증주의 철학자인 오귀스트 콩트(Auguste Comte)는 1835년에 태양과 그 밖의 천체들의 관계에 대해 이렇게 말했다. "우리는 그 형태, 거리, 크기와 운동 등을 결정할 수 있으리라는 사실을 이해한다. 그러나 어떤 방법을 동원하더라도 그 화학적 조성, 광물학적 구조, 그리고 그 천체의 표면에 살고 있는 유기체의 특성 등에 대해서는 절대 알 수 없을 것이다." 이것은 책상머리에서 이루어지는 철학적 공론이 전혀 신뢰성을 갖지 못한다는 사실을 잘 입증해 준다.

산소는 1774년에 지구에서 멀리 떨어진 핵융합의 불덩어리, 즉 태양을 이용해서 발견되었다. 18세기의 영국 화학자이자 비국교도 성직자였던 조지프 프리스틀리(Joseph Priestley)는 렌즈를 이용해서 햇빛을 산화수은이 들어 있는 작은 약병에 쪼여 가열하는 방법으로 생명을 부여하는 기체의 기포를 생성하는 데 성공했다. 프리스틀리는 산소를 발견한 '마지막' 인물로 간주하는 편이 온당할 것이다. 프리스틀리 이전에 다른 사람들이 이미 산소의 제조법을 보고했기 때문이다.

그러나 프리스틀리 이전에는 아무도 산소가 '하나의 원소'라는 사실을 깨닫지 못했다. 실제로 스웨덴의 화학자 칼 셸레(Karl Scheele)는 프리스틀리보다 2년이나 먼저 산소를 발견했으나 그는 발견 사실을 발표하는 데 늑장을 부린 탓에 최초의 발견자라는 영예를 놓치고 말았다. 지구상의 새로운 영토를 발견하는 과정과 마찬가지로, 후손들에게는 왕국의 이 지역을 '발견한' 마지막 사람이 길이 기억된 셈이다.

수소는 여자를 싫어하는 괴팍한 성격의 은둔 화학자인 헨리 캐번디시(Henry Cavendish)에 의해 독립적인 원소로 인식되기 훨씬 전에 이미 분리되었다(그의 공적으로 후일 케임브리지에서 캐번디시 연구소가 문을 열게 되었다.). 수소와 산소가 확인되자, 다음 단계로 이 두 기체가 반응을 일으켜서 생성되는 물이 독자적인 원소가 아니라는 주장(캐번디시가 1781년에 주장했다.)이 자연스럽게 제기되었다.

19세기 초가 되자 매우 특수한 기술적 진보가 이루어졌다. 그 기술은 오늘날까지 폭넓게 활용되고 있는데, 그것은 전류를 흘려 물질을 '전기 분해'시키는 방법이다. 화학 반응으로 지속적인 전류를 생성시킬 수 있는 볼타 전퇴(電堆) 같은 장치들이 개발되자 사람들은 자연스럽게 새로운 전기라는 현상을 가지고 무엇을 할 수 있는지 알아보기 시작했다. 전기가 충격을 줄 수 있다는 사실은 이미 알려져 있었으므로, 전기가 물질에 다른 방식으로 충격을 줄 수 있는지를 묻는 것은 지극히 당연한 일이 아닐까?

1806년 런던에 새로 건립된 왕립 연구소(세계 최초의 주문, 설계 연구소)에서 험프리 데이비(Humphrey Davy)는 융해된 가성 칼리(오늘날 우리가 수산화칼륨이라고 부르는 물질)에 전류를 통한 결과 반응성을 가진 은백색의 작은 금속 덩어리를 얻을 수 있었다. 그는 그 물질에 칼륨이라는 이름을 붙였다. 이미 우리가 살펴보았듯이 이 금속은 원소의 왕국의 서쪽 해안에 위치하고 있다. 며칠 후 데이비는 기지를 발휘해서 같은 방법을 비슷한 화합물인 가성 소다(수산화나트륨)에 적용시켰다. 그리하여 오늘날 나트륨이라 불리는 칼륨의 북쪽 이웃을 발견하였다.

상당히 오래전인 당시에는 겸손이 미덕이었던 시대였다. 만약 오늘날과 같은 분위기였다면, 데이비는 그 원소에 로열인스티투튬(royalinstitutium)이나 론도늄(londonium), 심지어는 험프륨(humphryium)이나 데이븀(davyium)이라는 이름을 붙였을 것이 확실하다.

그 후 전기 분해 기법은 모든 물질에 여러 가지 방법으로 적용되기 시작했다. 마그네슘은 1808년에 데이비에 의해 그 화합물로부터 추출되었다. 칼슘은 1808년에 (역시 데이비에 의해), 그리고 스트론튬도 1808년에 (다시 데이비에 의해) 발견되었다. 역사가 시작된 이래 왕국에 대해 기록된 지식이 가장 큰 진전을 이루고 그 지역들이 크게 확장될 수 있었던 것은 바로 이 중요한 기술 덕분이었다.

원소의 왕국은 전 유럽의 숱한 사람들의 손에 의해 날로 성장을 거듭하였다. 탐험가들은 할로겐의 동쪽 곶을 지도로 작성했으며, 그 대가로 염소와 브로민에 대한 지식을 획득했다. 1774년에 셸레가 발견한 염소는 1810년에 데이비(또는 다른 사람?)에 의해 하나의 원소로 인식되었고, 염소라는 이름을 얻게 되었다. 한편 브로민은 1826년에 데이비가 아닌 앙투안제롬 발라르(Antoine-Jérôme Balard)에 의해 발견되었다.

1860년대가 되자 왕국의 약 60개 지역이 알려지게 되었다. 반응성 산맥의 가장 높은 봉우리에 해당하는 플루오르는 19세기 후반까지도 탐험가들의 발길이 닿지 않은 곳이었으나 이 에베레스트 역시 전기 분해법으로 정복되어 1886년에 프랑스의 앙리 무아상(Henri Moissan)에 의해 왕국의 새로운 영역으로 추가되었다.

이러한 왕국 지도를 가짐으로써 얻을 수 있는 이득은 그 지도가 다른 지역들이 어디에 위치하는지 알려 준다는 사실이다. 따라서 탐험가들은 자신들이 탐사할 길을 미리 계획할 수 있는 것이다. 게다가 우리의 왕국은 여러 지역들을 되는 대로 적당히 섞어 놓은 것이 아니라 비슷한 관계를 갖는 친척끼리 이웃하고 있기 때문에, 이웃하는 지역들의 특성을 참조해서 아직 발견되지 않은 지역이 어디쯤 위치할지 — 최소한 개략적인 윤곽이나마, 그리고 어느 정도는 구체적인 위치까지 — 미리 예견할 수 있는 것이다.

이 왕국의 가장 중요한 역사적 인물이며 왕국의 지도를 오늘날과 같은 모습으로 정착시킨 장본인인 러시아의 화학자 드미트리 멘델레예프(Dmitri Mendeleev)는 이런 접근 방식이 탐구에 얼마나 유용한지를 잘 보여 주었다. 일례로 규소와 가까운 위치에 하나의 빈칸이 있다는 사실을 알아낸 그는 이름이 필요하다고 생각하고는 거기에 에카 규소(eka silicon, 에카는 산스크리트어로 숫자 1을 나타내는 말이다.)라는 이름을 붙였다. 그리고 자신이 규소에 대해 알고 있는 지식과 그 위치에 들어가야 할 미지의 원소에 대한 지식을 모두 동원해서 새로운 원소의 성격을 예견했다. 그 지역(저마늄)이 독일의 화학자 클레멘스 빙클러에 의해 1886년에 실제로 발견되자 멘델레예프의 예견이 거의 정확했음이 입증되었다. 에카 붕소(스칸듐, 1936년에서야 분리되었지만 이미 1876년부터 그 존재가 알려져 있었다.)와 에카 알루미늄(갈륨, 1875년에 분리되었다.)의 경우도 마찬가지였다.

위험스러운 왕국의 남쪽 해안을 남편 피에르와 함께 개척한 용맹한 여성 탐험가인 마리 퀴리(Marie Curie)는 우라늄 원광인 수톤의 역청 우란광에서 라듐을 추출하는 데 성공했다. 그녀는 북쪽 이웃 지역인 바륨에 대한 지식을 이용해 라듐의 특성을 미리 예견하고 있었기 때문에 그 원소를 발견할 수 있었다.

많은 사람들이 가담한 탐험 작업은 놀라운 성공을 거두었지만, 때로는 실패로 끝나기도 했다. 우리는 동쪽 직사각형 영역에서 가장 두드러진 실패담을 발견할 수 있다. 이미 살펴보았듯이,

왕국의 서쪽 해안에는 깎아지른 듯 험한 절벽이 있다. 바다 위에 돌출해 있는 이 절벽은 높은 반응성을 지닌 알칼리 금속들로 이루어져 있으며, 이 절벽의 내륙 방향으로는 그보다 반응성이 조금 낮은 알칼리 토금속들의 산맥이 이어지고 있다. 반응성이 정점에 도달하는 서쪽의 이 지역들은 동쪽 직사각형 영역의 동쪽 가장자리에 위치한 반응성이 강한 산소, 황의 지역과 마치 거울상을 이루는 듯하다.

이 원소들 바로 너머에는 할로겐족 원소들의 높은 산맥이 펼쳐지다가 칼로 잘라 놓은 듯 갑자기 절벽이 나타나고 곧바로 아무것도 없는 바다가 시작된다고 생각되었다. 그러나 왕국의 이 대칭성은 환상에 불과했다. 할로겐 절벽의 기저부에 처음에는 희유 기체, 그 후에는 불활성 기체, 오늘날에는 영족 기체라고 불리는 원소들의 해안이 펼쳐져 있었기 때문이다.

그런데 여기에서 매우 놀라운 일이 벌어졌다! 1894년에 화학자인 윌리엄 램지(William Ramsay)와 물리학자인 레일리(Rayleigh) 경은 질소 화합물의 분리 과정을 통해 얻은 질소 기체와 대기 중에서 고정시킨 질소 기체의 밀도가 서로 다르다는 사실을 발견했다(그런데 그 현상이 당시 새롭게 발견된 것은 아니라는 사실을 언급해 둘 필요가 있을 것 같다. 이미 1785년에 헨리 캐번디시는 대기 중의 질소에 반응성이 없는 기체가 섞여 있을지 모른다고 추측했다. 그러나 그는 더 이상 자신의 추론을 진전시키지 않았다.).

레일리는 화합물의 분리를 통해 얻은 질소에 아직 알려지지 않은 그보다 가벼운 물질이 섞여 있다면 밀도의 차이를 설명할 수 있을 것이라고 생각했다. 그러나 램지는 정반대의 관점에서 대기 중의 질소가 그보다 무거운 기체에 의해 오염되어 있기 때문일 것이라고 추측했다. 그 결과 그는 자신이 대기 중의 '질소'를 질소와 그보다 훨씬 반응성이 약한 다른 기체로 분리할 수 있다는 사실을 발견했다. 그가 발견한 새로운 기체가 아르곤('argon'이라는 이름은 그리스 어로 '게으름'을 뜻하는 단어에서 유래했다.)이었다. 아르곤의 발견으로 해안의 띠처럼 가느다란 낮은 저지대가 처음으로 모습을 드러내기 시작했다.

앞에서 이미 지적했듯이, 아르곤은 전혀 희귀하지 않다. 사실 대기 중에 이산화탄소보다도 훨씬 풍부하게 들어 있다. 당시로서는 아르곤의 존재는 전혀 예상 밖의 것이었다. 그 부근의 지형은 그런 원소가 존재하리라는 아무런 암시도 주지 않았다. 그러나 왕국의 기저를 이루는 하부 구조(궁극적인 조직 원리)로 눈을 다시 돌리면, 우리는 아르곤의 존재가 충분히 예견될 수 있었음을 깨닫게 된다. 아르곤은 이 숨겨진 구조의 패턴에 필수적이기 때문이다. 그러나 1894년 당시에는 아직 그 패턴이 과학자들에게 알려지지 않았으며, 영족 기체의 해안선은 행방이 묘연한 사라진 세계에 불과했다.

한마디 덧붙이자면 숨겨진 패턴은, 서쪽 절벽 너머 아래편에 동쪽의 사라진 세계에 해당하는 지역이 존재할 것이라는 생각을 품지 못하게 한다. 그 패턴은 나이 든 탐험가들에게 그곳에 무언가 있으리라는 식의 추론을 하지 못하게 만들고, 젊은 탐험가들에게는 공연한 시간 낭비를 하지 말라는 충고를 해 준다. 그곳에는 아틀란티스 섬의 해안과도 같은 무엇이 실제로 존재할 것 같은 생각이 든다. 그러나 서쪽에는 아무것도 없는 것이 분명하다.

아르곤의 발견으로 그 부근에 다른 지역들이 더 있다는 사실이 밝혀졌고, 그 결과 네온, 크립톤, 그리고 제논과 같은 원소들이 잇달아 발견되었다. 이 원소들은 모두 1898년에 윌리엄 램지에 의해 발견되었다. 이 해변 지대에서 외롭게 고개를 내민 헬륨은 이미 그 이전에 발견되었다.

헬륨은 그 이름에서 알 수 있듯이 지구가 아닌 태양에서 발견되었다(태양신 헬리오스(Helios)에서 따온 것이다.—옮긴이). 헬륨은 우주의 약 25퍼센트를 차지하고 있다. 그러나 1868년까지는 눈에 보이지도 않았고 사람들의 주의를 끌지도 못해 발견되지 않았다. 헬륨은 일식(日蝕)이 진행되는 동안 이루어진 분광기 관찰을 통해 간신히 그 존재가 알려지게 되었다. 또한 헬륨은 우주에서 두 번째로 풍부한 원소임에도 불구하고 1895년이 되어서야 실험실에서 분리하는 데 성공했다. 당시 램지는 우라늄 원광(原鑛)을 가열시키는 과정에서 알려지지 않은 기체가 발견되었다는 보고를 듣고 연구를 계속하던 중 헬륨을 분리해 냈다.

헬륨은 우주의 가장 뜨거운 영역(태양)에서 처음 발견되었지만, 기술적으로는 그 가장 차가운 물질로 활용되고 있다. 헬륨 가스를 냉각시키고 높은 압력으로 압축시켜서 만드는 액체 헬륨은 저온학(低溫學)과 저온을 이용하는 여러 가지 공학 기술에 없어서는 안 될 필수적인 재료이다. 오늘날에도 초전도 현상을 일으키기 위해서는 이 액체 헬륨의 사용이 필수적이다.

20세기가 되자 동쪽 해안에서 발견되지 않은 지역은 한 곳밖에 남지 않게 되었다. 다시 그 지역으로 통하는 길을 열어 1908년에 방사성 가스인 라돈을 분리하는 데 성공한 사람은 윌리엄 램지였다. 그런데 그 밖에도 독자적으로 그 원소를 발견한 사람들이 있었다. 따라서 그 지역의 발견을 둘러싸고 논쟁이 벌어지기도 했으나, 램지 자신은 다른 화학자들과 함께 팀을 구성해서 연구를 계속했다. 왕국의 발견사에서 이토록 많은 지역이 한 사람에게 큰 빚을 진 사례는 다시 찾아볼 수 없을 것이다.

20세기 중반이 되자 전쟁이라는 압력 때문에 왕국의 지도 작성 작업에 또 한차례 질풍노도와 같은 발전들이 잇달아 이루어졌다. 원자 폭탄 제조를 목적으로 1940년대에 발족한 거대 계획 맨해튼 프로젝트는 다른 한편으로는 왕국의 새로운 지역들을 개간하는 거대 계획이었다. 이 프로젝트가 진행되는 과정에서 새로운 원소들이 발견되거나 인위적으로 생성됨으로써 원소의 왕국은 남쪽 해안을 따라 바깥쪽으로 크게 확장되었다.

우선 악티늄족 원소라고 불리는 금속들이 집단적으로 발견되면서 남쪽 섬에 띠처럼 가느다란 남쪽 지역이 확장되었다. 맨해튼 프로젝트가 시작될 때에만 해도 남쪽 섬은 우라늄에서 끝나 있었다. 그러나 그 원소는 당시에 핵반응로라 불렸고 오늘날에는 원자로라 불리는 장치 속에서 적절히 반응하면 새로운 원소들을 낳을 수 있는 잠재력을 가지고 있었다. 우라늄은 넵투늄과 플루토늄을

낳았고, 섬의 남쪽 해안은 동쪽으로 확장되기 시작했다.

남쪽 섬의 북쪽 영역(란타넘족 원소)에 대한 조사 작업은 섬 남쪽의 영역에서 큰 도움을 받았다. 이 악티늄족 원소를 분리시키기 위해서는 특수한 기술들이 개발되어야 했다. 그리고 이 기술들(그중에서도 크로마토그래피 분석(chromatography)이라는 기법이 적극적으로 활용되었다. 이 기법은 혼합물의 구성 물질이 점성이 있는 매개물 속을 통과하는 데 걸리는 시간이 다른 것을 이용해 물질을 분리하는 방법이다.)을 섬 북쪽의 긴 영역에 적용함으로써 란타넘족 원소의 분리 작업은 훨씬 수월해졌다.

최근에 이르기까지도 합성 방법을 통해——즉 더 단순한 원소들을 이용해서 복잡한 원소를 인공적으로 합성하는——개간과 간척 사업이 계속 이루어지고 있다. 본토의 남쪽 해안 지방에 위치하는 극히 일시적인 원소들이 —— 더브늄(dubnium), 졸리오튬(joliotium), 러더포듐(rutherfordium), 보륨(bohrium), 하늄(hahnium), 그리고 마이트너륨——맨해튼 프로젝트의 또 하나의 산물인 사이클로트론(원자 파괴를 위한 이온 가속기——옮긴이), 싱크로트론(사이클로트론을 개량한 폐궤도 하전 입자 가속기——옮긴이), 그리고 선형 가속기(극초단파 전압을 이용한 하전 입자 가속기——옮긴이)와 같은 장치들 속에서 인공적으로 탄생했다. 본질적으로는 별 쓸모없는 원소들인 이 몇

안 되는 원자들을 눈 깜짝할 시간에 만들어 내자 이 왕국에는 전혀 새로운 해안선이 만들어졌다. 그리고 그 결과 태양계의 어느 곳에도 존재하지 않는 물질의 다양성이 탄생했다. 이 새로운 원자들을 만들기 위해서는 원자와 원자를 강력하게 충돌시켜야 한다. 그 충돌이 성공하면 수백만분의 1초도 안 되는 극미한 시간 동안 원자의 조각들이 하나로 합쳐져 새로운 원소를 형성하게 된다.

아직 발견되지 않은 아틀란티스 섬이 존재할 가능성이 있는 곳은 왕국의 남쪽 변경 지대일 것이다. 최근 과학계의 지배적인 견해는 이 남쪽 해안이 극히 일시적으로 존재하는 지역들로 구성되어 있다고 하더라도, 불안정의 바다 쪽으로 좀 더 나아가면 '안정된 섬(Island of Stability)'이 있을지 모른다는 것이다. 그곳에서는 아직도 완전히 확인되지 않은 원소들이 존재하며, 그 원소들은 오늘날 우리가 인공적으로 합성하기 위해 애쓰는 것보다는 오랫동안 존재할 것이라는 것이다.

과학자들의 주장에 따르면 그 섬은 방사능 때문에 사람이 살 수 없을뿐더러 그 지역 자체의 극히 짧은 수명 때문에 거의 쓸모가 없을 것이라고 한다. 이 새로운 원소의 원자들은 겨우 몇 개월밖에는 지속되지 못하기 때문이다.

그러나 아무튼 그 원소들이 그곳에 존재할 가능성이 충분하다는 이유만으로도 원자핵의 신천지를 찾는 콜럼버스들은 희망에 부풀어 그 지역을 향해 돛을 올리고 있다. 그 원소들이 존재한다는 사실만 확인할 수 있다 해도 비할 데 없이 귀중한 지식을 얻을 수 있기 때문이다.

5
이름 붙이기

왕국에 대한 탐사가 일단 과학의 영역으로 들어서자, 지역의 이름 붙이기 작업도 어느 정도 체계화되었다. 이미 앞에서 이야기했듯이, 지역의 명명(命名)은 그동안 발견자의 특권으로 인식되어 왔고 일정한 제약이 따랐다. 그러나 그 제약은 대체적으로 상식적인 수준이었다.

이름을 붙일 때에는 진부한 명칭, 불경스러운 명칭, 외설적인 명칭 등을 피해 왔으며, 그런 이름은 과학계에서 받아들여지지 않았다. 그렇지만 부아보드랑(Paul Émile Lecoq de Boisbaudran)이 붙인 갈륨이라는 이름처럼 다른 사람들이 전혀 눈치 채지 못할 농담적 요소가 끼어들기도 한다. 갈륨은 일반적으로 라틴 어에서 프랑스를 뜻하는 갈리아(Gallia)에서 온 것으로 추측되지만, 정작 부아보드랑 자신은 수탉(라틴 어 학명으로 *Gallus gallus*)을 염두에 두었을 것으로 생각된다.

오늘날에는 위원회들이 이 왕국의 복도를 위세에 찬 걸음걸이로 돌아다니면서 명명 과정에 규제를 가하려고 안간힘을 쓰고 있다. 이런 열망은 최근 들어 부쩍 강해졌기 때문에 여러 나라 정부의 과학 기구들이 남쪽 해안 지역을 새로이 개간하는 데 많은 비용을 투자하고 있다. 그 지역이 새로운 이름을 붙일 수 있는 여지가 남아 있는 유일한 영역이기 때문이다(물론 아직도 왕국의 다른 지역에서 이미 결정된 이름을 다시 고치려는 시도가 이루어지기도 하지만 말이다.).

이 장에서는 역사를 거꾸로 뒤집어서 현재부터 이야기하는 편이 유용할 것이다. 최근 들어 지금까지 특정 인물의 이름을 따서 붙여진 지역 명칭에서 인명을 제거함으로써, 원소의 명칭을 불후의 명예를 위한 자격증이나 자국의 긍지를 지키는 방편으로 삼는 관행을 폐지하고, 그 대신 체계적인 명명법을 도입하려는 시도가 이루어지고 있다.

그러나 여러 위원회들이 만들어 놓은 주기율표 아래쪽을 들여다보면 그동안 중시되었던 서정성이나 명예는 깡그리 무시되고, 무미건조한 산문체의 이름들이 붙여졌다는 사실을 알 수 있다. 첫 번째 원소(수소)는 우늄(unium), 두 번째 원소(헬륨)는 븀(biium), 그리고 열 번째 원소(네온)는 데슘(decium), 그리고 100번째 원소(페르뮴, 페르미가 울지 않을까!)는 우닐닐륨(unnilnillium)이다. 이런 재미없는 이름 붙이기는 끝없이 계속된다. 107번 우닐셉튬(unnilseptium), 108번 우누닐록튬(unnunniloctium)······.

이런 방식이 선호되는 이유를 설명하려면 상당한 지면을 할애해야 할 것이다. 그리고 그 진정한 목적은 마음속 깊이 새겨 두어야 할 것이다(나는 그 목적을 조금 잘못 해석했다.). 우선 새로운 명명 체계는 우리에게 친숙한 이름들을 대체하려는 목적에서 만들어진 것은 아니다. 만약 그렇게 한다면 국제 전화를 걸 때 사용하는 국가 번호에 따라 미국을 첫 번째 나라라는 뜻의 운랜드(Unland)로, 영국을 쿼드쿼드랜드(Quadquadland)라고 고쳐 부르는 꼴이 될 것이다.

이 분류명은 탐험가들이 아직 이름을 갖지 않은 새로운 지역들을 부르기 편하게 하기 위한 것일 뿐이다. 가령 남쪽에 아틀란티스 섬이 실제로 존재한다면, 미래의 탐험가들은 지금부터 그 지역의 특성을 둘러싸고 갖가지 추측을 해댈 것이다. 그렇지만 미리부터 특정 지역이 언젠가 아문드세늄이나 스코튬이 될 것이라고 추측하면서 그 섬의 역사를 예상할 필요는 없다. 일단 이곳저곳의 지역들에 깃발이 꽂히고 나서야, 시(詩)가 산문을 대체하고, 사람들의 명예를 기리기 위한 여러 가지 명칭들이 붙는 것이다.

체계적인 분류법의 지극히 기능적인 유용성보다는 오랜 세월 동안 마치 쪽모이 세공처럼 하나씩 붙여진 이름들이 훨씬 흥미롭다. 그 기원조차 잊혀졌거나 역사의 먼 아지랑이 속으로 묻혀진 지 오래된 이름들(지금 유럽 대부분 국가들의 명칭이 그러하듯이) 중에는 황(sulfur는 산스크리트 어 *sulvere*에서 유래했다.), 철(iron은 앵글로색슨 어 *iron*에서 유래했다.), 금(gold는 앵글로색슨 어 *gold*에서 유래했다.), 그리고 은(silver는 앵글로색슨 어 *seolfor*에서 유래했다.) 등이 포함되어 있다. 수천 년 동안 사람들에게 이용된 구리(copper)라는 명칭은 이 금속이 많이 발견된 곳인 사이프러스(Cyprus)에서 딴 것으로 구리를 뜻하는 라틴 어인 '*cuprum*'을 거쳐 오늘날의 'copper'로 정착되었다.

선사 시대가 끝나고 역사 시대가 시작되자 그 기원이 더 분명해지기 시작했다. 이미 우리는 험프리 데이비가 소다(soda)와 잿물(potash)이라는 어원에서 나트륨(sodium)과 칼륨(potassium)이라는 이름을 붙였다는 이야기를 했다.

이와 유사한 이름의 근원은 동쪽 직사각형 지역뿐 아니라 금속들이 모여 있는 서쪽 직사각형 지역에서도 찾아볼 수 있다. 칼슘(calcium)은 석회(라틴 어로 *calx*)에서, 그리고 마그네슘은 고대 그리스 동부에 위치했던 테살리아의 한 지역인 마그네시아에서 나는 원광(原鑛) '*magnes carneus*'에서 유래했다.

동쪽 직사각형 지역에 포함된 질소(nitrogen은 그리스 어 *nitron*과 *genos*를 합성한 것이다. 이것은 '질산칼륨(niter)을 주는 물질'이라는 뜻이다.)는 그 원소를 이용해 질산칼륨을 얻을 수 있다는 사실을 알았기 때문에 붙이게 된 이름이었다.

질소의 동쪽 이웃인 산소(oxygen은 '산을 내는'의 뜻인 그리스어 *oxys*에서 유래했다.)는 실수로 잘못 붙여진 이름이다. 1777년에 앙투안 라부아지에(Antoine Lavoisier)가 산소라는 이름을 처음 붙였을 당시 산소는 모든 산(酸)에 공통적으로 들어 있는 성분이라는 잘못된 생각이 일반적으로 받아들여지고 있었다. 이후 그 믿음은 잘못임이 밝혀졌지만(염산(hydrochloric acid)은 수소(hydrogen)와 염소(chlorine)를 합성한 것으로 이전의 잘못이 바로잡혀졌음을 반증한다.), 그 원소들의 이름은 한번 잘못 지어 준 아이의 이름처럼 그대로 굳어지고 말았다.

일부 원소들은 그 색을 토대로 붙여졌다. 가장 분명한 예로는 염소와 아이오딘을 들 수 있다. 우선 옅은 황록색 기체인 염소(chlorine)는 그리스 어로 황록색을 뜻하는 '*chloros*'에서 유래했다. 그리고 보라색 고체인 아이오딘(iodine)는 보라색을 뜻하는 그리스어 '*ioeides*'에서 나왔다.

다른 원소의 명칭에서도 색의 의미를 찾아볼 수는 있지만 앞의 두 원소처럼 관계가 분명하지는 않다. 일례로 루비듐은 진한 붉은색 또는 '홍조를 띤'이라는 뜻의 라틴 어 '*rubidus*'에서 유래했지만 실제로는 붉은색을 띠지 않는다. 루비듐은 서부 사막 지역의 전형적인 색깔인 금속성 회색을 띠고 있을 뿐이다. 그러나 루비듐을 불에 달구었을 때 나타나는 화합물에서는 타는 듯한 붉은색을 발견할 수 있다.

이와 비슷한 예로 세슘(cesium)은 하늘색 불꽃을 내면서 탄다. 세슘은 그 색깔을 지칭하는 라틴 어 '*caesius*'에서 유래했다. 그리고 '녹색을 내뿜다'라는 뜻의 그리스어 '*thallos*'에서 유래한 탈륨(Thallium)이라는 명칭은 그 화합물이 녹색 불꽃을 내기 때문이다.

왕국의 일부 지역들의 특성을 좀 더 깊게 파 내려가면 그 명칭의 근원을 추적해 들어갈 수 있다. 예컨대 지협에 속하는 바나듐(Vanadium)은 무지개의 일곱 색깔에 해당하는 일련의 화합물들을 가지기 때문에 이 아름다운 원소에 스칸디나비아의 미(美)의 여신 이름이 붙여졌다. 또한 화려한 색깔을 자랑하는 크로뮴(chromium)은 색을 뜻하는 그리스 어 '*chroma*'에서 유래했는데, 마찬가지로 그 화합물이 띠는 생생하고 강렬한 색체를 반영한 것이다. 그리스 어와 라틴 어 '*iris*(무지개)'에서 유래한 이리듐(iridium) 역시 그런 이유에서 붙여진 명칭이며, 마찬가지로 로듐(rhodium)은 장밋빛을 뜻하는 그리스 어 '*rhodon*'에서 비롯되었다.

그 밖의 다른 감각에서도 여러 가지 이름이 나왔다. 화학의 세계를 탐험하는 여행에서 코는 눈과 함께 중요한 동반자이다. 따라서 일부 원소의 이름이 코를 자극하는 냄새에 따라 지어졌다는 사실은 전혀 놀랄 일이 아니다. 원소들이 향기로운 냄새를 풍기는 경우는 극히 드물다. 대개는 후각을 자극해 코를 찡그리게 만드는 고약한 냄새를 풍긴다. 일례로 동쪽 직사각형 영역의 자극성 냄새를 가진 증발성 호수 지역에 위치한 브로민(bromine)은 '불결한 악취'라는 뜻의 그리스 어 '*bromos*'에서 유래했다. 지협 중간에 냄새를 가진 또 하나의 원소인 오스뮴(osmium)이 있는데, 이 원소의 이름은 그리스 어로 냄새를 뜻하는 '*osme*'에서 기원했다.

많은 지역에 붙여진 이름은 그 원소가 처음 산출된 지명과 밀접한 연관을 가진다. 스코틀랜드의 스트론티아의 이름을 딴 스트론튬(strontium)이 한 가지 보기인데 그 외에도 많은 예를 찾아볼 수 있다. 대륙들도 여러 지역에 이름을 지어 주었다. 유럽은 유로퓸(europium)에, 그리고 아메리카 특히 북아메리카는 아메리슘(americium)에 자신의 이름을 빌려 주었다. 그렇지만 아직 아슘(asium)이나 아프리슘(africium), 아우스트랄륨(australium)이라는 원소는 없다. 그리고 남극이나 북극 대륙에서 이름을 차용하는 아크티슘(arcticium)이나 안타크티슘(antarcticium)과 같은 원소 명칭도 결코 생겨나지 않을 것이다.

원소의 왕국을 빽빽이 채우고 있는 숱한 이름들 속에는 여러 국가의 그 지리적 특성들이 숨겨져 있다. 겨울날 화롯가에 앉아 그 명칭들 속에 배어들어 있는 의미를 알아맞히는 게임을 하는 것도 무척 재미있을 것이다. 스칸듐(Scandium)은 스칸디나비아에서, 프랑슘(francium)은 프랑스에서, 그리고 저마늄(Germanium)은 독일에서 유래한 것임은 금방 알아차릴 수 있다. 그보다 조금 연상하기 어려운 이름으로 레늄(rhenium)은 라인 강(라틴 어로 *Rhenus*)에서, 그리고 루테늄(ruthenium)은 우랄 산맥에서 처음 발견되었기 때문에 러시아의 라틴 어 이름인 '*Ruthenia*'에서 따온 것이다.

이 왕국의 풍경에서는 주(州)와 도시의 이름들도 흔하게 찾아볼 수 있다. 캘리포늄(californium)과 버클륨(berkelium)이 그 보기이다. 이 두 원소명은 주기율의 왕국을 확장하는 데 지대한 공헌을 한 버클리의 캘리포니아 공과 대학을 기리기 위해 붙여졌다.

앞에서도 언급했듯이 때로는 교묘한 위장술이 이용되어서 한 도시의 이름을 전면에 드러내지 않고 숨겨 놓기도 했다. 지협 서쪽에 위치한 하프늄(hafnium)은 빤히 속이 들여다보이는 속임수를 쓰고 있다. 코펜하겐의 라틴 어 이름이 '*Hafnia*'이기 때문이다. 란타넘족 원소의 하나인 홀뮴(holmium) 역시 그리 힘들지 않게, 스톡홀름의 라틴 어 이름인 '*Holmia*'에서 비롯된 것임을 추측할 수 있다. 루테튬(lutetium)이라는 이름 밑에는 파리(라틴 어로 Lutetia)가 들어앉아 있다.

원소의 왕국에서 스톡홀름 바로 외곽에 있는 스웨덴의 작은 도시 이테르비(Ytterby)만큼이나 큰 축복을 받은 곳은 없을 것이다. 이테르비라는 도시명은 잡아 늘이고 자르고 다른 식으로 변형되어 이트륨(yttrium), 란타넘족 원소인 이터븀(ytterbium), 터븀(terbium), 그리고 어븀(erbium) 등의 명칭에 이용되었다. 이 원소들은 아직 국제 경제에 크게 기여하지는 못하고 있지만, 실제 세계의 이 비옥한 지역을 영원히 사람들의 기억 속에 새겨 놓고 있다.

그리고 왕국 속에 자신의 영원한 기념비를 세워 놓은 사람들도 있다. 이미 앞에서 살펴보았듯이 부아보드랑은 갈륨이라는 원소를 대상으로 짓궂은 장난을 하기도 했다. 대부분의 발견자들은 원소에 자신의 이름을 붙인다는 생각을 하지 못했다. 현재 원소에 붙여진 사람의 이름은 모두 위원회에 의해 그 사람의 이름을 기리기 위해 부여되었다.

남쪽 섬의 남쪽 해안 지대가 영원히 ─ 또는 인류가 존재하는 한 ─ 알베르트 아인슈타인(아인슈타이늄(einsteinium)), 엔리코 페르미(페르뮴(fermium)), 드미트리 멘델레예프(멘델레븀(Mendelevium)), 알프레드 노벨(노벨륨(nobelium). 그 원소를 직접 발견하지는 않았지만 그 발견을 도왔다.), 그리고 어니스트 로렌스(로렌슘(lawrencium). 버클리의 이 과학자는 오늘날 왕국의 영토를 새롭게 개간하는 데 널리 사용되고 있는 원자핵 파괴 장치를 처음 발명했다.)의 공적을 기리는 이름으로 불리게 된 것은 지극히 타당한 명명이라 할 수 있다.

가장 최근에 지어진 이름들은 본토의 남쪽 해안 지대의 여러 지역에 붙여졌다. 이 지역의 원자들은 지극히 짧은 시간 동안만 존재하지만 여러 과학자들에게 불멸의 영예를 안겨 주었다 그림 7. 그

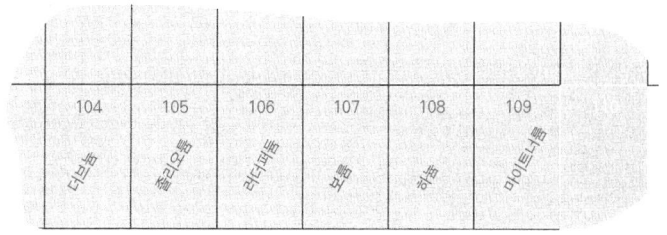

그림 7
왕국의 이 지역에서는 이름 붙이기를 둘러싸고 상당한 실랑이가 벌어졌다. 다른 이름을 제안하거나 기존의 이름을 변경할 것을 제안한 사람들은 '두브늄' 과 '졸리오튬' 이라는 명칭을 모두 폐기하고 104번과 105번에 각기 러더퍼듐과 하늄이라는 이름을 붙이고 106번 원소는 미국의 화학자이자 핵물리학자인 글렌 시보그(Glenn Seaborg)의 공적을 기리기 위해 시보귬(seaborgium)이라고 부르고, 보륨은 닐스 보어의 이름을 모두 붙여서 닐스보륨(nielsbohrium)이라고 하고, 108번 원소는 독일의 헤르만 헤세의 이름을 따서 하슘(hassium)이라고 명명하자고 주장했다.

러나 국제 명명 위원회가 이들 원소에 부여한 이름들은——일부 경우는 실제 발견자들의 소망에 반해 붙여졌기 때문에——아직도 갈등의 씨앗이 되고 있으며, 모든 사람들로부터 인정받지 못하고 있는 실정이다. 더브늄(dubnium, 왕국의 영토를 넓히는 데 기여한 소련의 공로를 인정해서 소비에트연방의 한 지역인 두브나의 이름을 따서 붙여졌다.), 졸리오튬(joliotium, 프랑스의 물리학자 프레데리크 졸리오퀴리), 러더퍼듐(rutherfordium, 어니스트 러더퍼드), 보륨(bohrium, 닐스 보어), 하늄

(hahnium, 오토 한) 등의 원소가 그런 원소에 포함된다.(1997년 국제 순수 응용 화학 연합(IUPAC)에서는 오랫동안 논란이 되어 오던 원자 번호 101~109번의 원소 이름을 결정했다. 피터 앳킨스의 이름과는 104~108번이 다른데 104번은 러더포듐, 105번은 더브늄, 106번은 시보귬, 107번은 보륨, 108번은 하슘으로 결정되었다.—옮긴이)

여성의 이름을 딴 원소들도 있다. 왕국 남쪽 섬의 띠처럼 가느다란 남부 해안 지대에서 퀴륨(curium, 마리 퀴리)을, 그리고 본토의 남쪽 해안 지대에서 마이트너륨(meitnerium, 오토 한과 함께 연구한 리제 마이트너)을 발견할 수 있다. 이 지역들은 현재 원소의 왕국의 마지막 전초 기지라고 할 수 있다.

왕국의 여러 지역들은 사람뿐 아니라 신(神)들에게도 이름을 빌려 썼다. 타이탄(그리스 신화에서 대지의 여신인 가이아의 자식들)의 가공할 힘은 타이타늄(titanium)으로 칭송되었고, 프로메테우스는 란타넘족 원소인 프로메튬(promethium)으로 우리의 기억 속에 계속 남게 되었다. 발이 빠른 머큐리는 빠른 속도로 흐르는 수은(mercury)에 이름을 빌려 주었다. 또한 사악한 악마들도 이름 붙이기에 한몫 끼었다. 니켈이나 코발트는 모두 악귀를 뜻하는 독일어(Nickel과 Kobold)에서 따온 것인데, 구리 원광에서 구리를 추출하기 어렵게 만드는 골칫거리였기 때문에 그런 이름이 붙게 되었다.

란타넘족에 속하는 디스프로슘(dysprosium)은 가장 기억에 남는 특이한 이름인데 분리해 내기가 무척 힘들었기 때문에 붙여진 명칭이다(그리스 어로 *dysprositos*는 '얻기 힘들다'는 뜻이다.). 그리고 일부 원소들의 이름은 실수로 붙여지기도 했다. 앞에서 언급한 산소 이외에도 중금속인 몰리브데넘(molybdenum)은 그리스 어로 납을 뜻하는 '*molybodos*'에서 잘못 붙여진 경우이다. 그리고 은백색의 백금(platinum)은 스페인 어로 은을 뜻하는 플라타(*plata*)의 지소어(指小語)인 '*platina*'에서 유래한 것으로 역시 잘못된 명칭이다.

신보다는 천체의 이름을 딴 원소들이 더 많다. 셀레늄(selenium)은 은백색 외양 때문에 달을 뜻하는 그리스 어 '*selene*'에서 이름을 빌려 왔다. 란타넘족에 속하는 세륨(cerium)은 소행성 세레스(ceres)가 발견된 지 2년 후에 발견되었기 때문에 그 기념으로, 그리고 1803년에 발견된 팔라듐(palladium) 역시 거의 비슷한 시기에 발견된 소행성 팔라스(Pallas)의 이름을 빌렸다.

남쪽 섬의 남쪽 가느다란 지역에 속하는 원소들은——전시에 전쟁을 위한 목적으로 만들어진 원소들——호전적인 신들인 플루토, 넵튠(바다의 신이자 지진의 신이기도 하다.), 그리고 뇌신(雷神) 토르의 이름을 본떴다.

그런데 신기한 일은 군신(軍神)인 마르스나 미의 여신 비너스의 이름을 딴 마르슘(marsium)이나 베누슘(venusium)이 없다는 점이다. 만약 아틀란티스 섬이 지금도 바다 위에 솟아 있다면 태양신과 그 여신들의 이름이 사용되었을 것이고, 아프로디튬(aphroditium)이나 베누슘이나 그리스로마 신화가 아닌 다른 전통에서 가져온 명칭들을 자랑스럽게 사용하게 될지도 모른다.

6
창세기

이 왕국을 구성하는 여러 지역들도 저 나름대로의 탄생의 역사를 가지고 있다. 다시 말해서 그 지역들은 영겁의 시간 속에서 처음부터 있었던 것은 아니라는 뜻이다. 가상 왕국의 원소들은 우주 공간에서 떨어져 전 영토를 가득 채웠다.

그 원소들 중 일부는 약 150억 년 전에 우리의 실제 우주가 탄생하자마자 눈 깜짝할 동안에 떨어져 내렸다. 대폭발(big bang)이 일어나 그 대격동으로 시공(時空)이 생겨나고 그로 인해 우리 우주가 탄생하게 되었을 때, 망망대해처럼 끝없이 펼쳐진 무(無)의 바다에서 수소의 북쪽 섬이 머리를 들고 솟아올라와 처음 왕국의 일부를 형성했다. 따라서 수소는 가장 먼저 탄생한 원소였다.

끝을 찾을 수 없을 만큼 계속되는 우주의 영원한 시간 속에서 수소가 탄생한 이후에야 왕국이 생성의 작은 발판을 마련할 수 있었으므로, 무의 바다 수면 위로 처음 솟아오른 수소는 이후 왕국이 가지게 된 놀라운 다양성의 첫 번째 씨앗인 셈이었다.

수소의 작은 섬이 파도 위로 모습을 드러냄과 거의 동시에, 북동쪽에서 헬륨이라는 곶이 고개를 내밀었다. 우주 탄생 후 처음 3분 동안 수소 원자들은 서로 격렬하게 충돌했으며, 태고(太古)의 거친 폭풍우처럼 몰아닥친 수소 원자의 충돌을 통해 헬륨이 생겨났고, 파도 위로 왕국의 본토에 해당하는 최초의 육지가 솟아올랐다. 우주에서 가장 풍부한 원소인 수소의 섬은 하늘을 찌를 듯 높이 솟아오른 원기둥이었다. 북동쪽 곶의 헬륨은 수소의 높이에 비한다면 4분의 1 정도밖에 미치지 못했다.

이후 왕국은 휴지 상태에 빠진 듯 그대로 멈추었다. 그러나 외롭게 서 있는 두 개의 기둥은 이후 나타날 엄청난 풍요로움을 암시하고 있었다. 몇 분이 지났다. 수년, 수천 년, 수백만 년이 흘러갔다. 그러나 왕국에는 여전히 아무런 변화도 일어나지 않았다. 수많은 원소의 화려함으로 장식될 제국의 어떤 징후도 보이지 않았다.

물질적 구성은 그대로 유지되었지만, 우주에서는 다른 일들이 일어나고 있었다. 이제 물질들이 형성되고——비록 매우 원시적이고 빈약한 물질에 불과했지만——여러 가지 사건들이 발생해서 분명한 흔적, 기억, 그리고 유산을 남길 수 있게 되었다.

당시 모든 공간을 남김없이 뒤덮고 있던 두 가지 원시 원소의 거대한 구름이 완전히 균일한 것은 아니었다. 원자들 사이에 극히 미약하지만 중력이 작용해서 서로를 끌어당기자 일부 지역은 서서히 밀도가 높아졌고 다른 지역은 벌거숭이 민둥산처럼 원자들이 희박해졌다. 따라서 우주 공간은 점차 불규칙한 모습으로 바뀌어 갔고, 마침내 구조가 형성되기 시작했으며, 궁극적으로는(아니 최소한 현재라는 시점에서 이야기하자면 최근에) 그 원시적인 물질 덩어리의 후손으로서 여러분과 내가 태어나게 되었다.

최초로 형성된 구조가 차츰 성장을 거듭하면서 텅 빈 공간과 물질 사이의 차이는 점차 뚜렷해졌다. 물질의 덩어리 내부조차 균일하지 않게 되었고, 밀도가 큰 거대한 구름 덩어리 안에는 상대적으로 훨씬 밀도가 높은 작은 영역들이 생겨났다. 그 결과 이 작은 영역들은 별이 되었고, 이런 별들을 포함하는 넓은 영역들은 은하가 되어 밤하늘을 아름답게 수놓게 되었다.

이런 사건들이 일어나고 엄청나게 커다란 덩어리들이 형성되는 과정에서. 북쪽 섬과 북동쪽의 곶은 외롭게 서 있었다. 그때까지도 우주 공간에 존재하는 주요 원소는 오직 두 가지뿐이었다.

별의 생성은 지구상에서 이루어진 기술의 진보와 에너지 개발에 수반된 엄청난 발견의 홍수처럼 새로운 가능성을 활짝 열어 주었고, 그 결과 가상의 바다 수면 위쪽으로 왕국의 새로운 영역들이 점차 모습을 드러내게 되었다.

이 새로운 지역들은 북서쪽의 먼 곳에서 물 위로 머리를 내민 다음 리튬에서 베릴륨에 이르기까지 동쪽으로 뻗어 가는 북쪽 해안선의 가늘고 좁은 지역을 형성했고, 그 지역은 동쪽 직사각형 영역의 북쪽 원소들에게까지 이어지게 되었다. 이제야 비로소, 그리고 영원히(필경) 북쪽의 쌍둥이 봉우리들은 외로움을 벗어날 수 있게 되었다.

이들 새롭게 태어난 육지의 기원, 즉 대부분의 원소의 기원은 별 내부에서 벌어진 매우 격렬한 소란이었다. 별들이 처음 형성되었을 때, 별 내부의 수소 원자들에게는 다시 한번 서로 충돌을 일으킬 수 있는 기회가 주어졌다. 그 덕분에 대폭발이 처음 일어났을 때의 격렬한 상황을 10억 년 후에 다시 맞을 수 있게 되었다.

수소와 수소가 충돌해 왕국에 조금 더 많은 헬륨을 만들어 주었다. 북쪽 수소의 섬의 높이는 조금 낮아졌고 그 대신 북동쪽 곶(헬륨)의 높이는 약간 높아졌다. 그러나 그 변화는 거의 눈치 채지 못할 만큼 서서히 일어났다. 수소의 기둥이 낮아지고 헬륨의 탑이 높아지는 이 변화 과정은 지금 이 순간에도 계속되고 있다. 그리고 별들의 불길이 모두 꺼질 때까지 계속될 것이다. 별들의 내부에서 일어나는 핵융합 과정에서 방출되는 에너지가 별들을 밝게 빛나도록 만드는 연료이기 때문이다.

핵융합 과정은 그 밖의 다른 원소들도 탄생시켰다. 수소가 헬륨과 융합하자 리튬이 바다 위로 솟아올랐고, 리튬이 수소와 충돌을 일으키거나 헬륨과 헬륨이 결합하자 베릴륨이 탄생했다.

별들의 내부에서 벌어지는 격동에도 불구하고 원시 수소와 헬륨이 대부분은 다른 원소로 변하지 않은 채 그대로 남아 있었다. 그러나 우리가 태어나게 된 데에는 얼마 안 되는 변성 과정을 통해 태어난 다른 형태의 원소들이 결정적인 역할을 해 주었다. 이 다른 원소들은 제각기 다른 성질을 가지게 되었고, 우주에서 차지하는 구성 비율도 다르게 되었다.

위치에 따른 원소의 배분율이 달라진 이후 이 왕국의 영토가 갖게 된 불균형성을 살펴보려면 수소나 헬륨의 높다란 탑에서 내려와 왕국의 대부분을 차지하는 저지대를 자세히 조사해 보아야 한다. 그 지역들은 눈에 띄지 않을 만큼 미세한 기복을 가지기 때문이다. 수소의 높이에서 보면 왕국의 낮은 영역들은 마치 매끄러운 평면과도 같은 평원이 북쪽에서부터 차츰 낮아지다가 철에서 솟아오르고, 그런 다음 다시 남쪽 해안을 따라 보일 듯 말 듯 평면을 흐트러뜨리는 지역 쪽으로 가라앉는 것처럼 보인다.

그렇지만 리튬의 지역으로 내려서서 동쪽으로 여행해 가면 위에서 내려다보던 것과는 판이하게 지면이 전혀 매끄럽지 않다는 사실을 발견하게 된다. 실제로 표면에는 분명한 기복이 존재한다. 리튬, 베릴륨, 그리고 붕소는 저지대를 형성하고, 수소와 헬륨 다음으로 풍부한 원소들인 탄소, 질소, 산소는 거대한 고원 지대를 이루는데, 이 높은 지대는 남쪽의 철의 지역에서 나지막한 정상을 이룬다.

이런 기복을 제대로 이해하기 위해서는 왕국 전체를 답사해야 한다. 그리고 원자의 내부 구조에 대해 최소한의 지식을 갖춰야 한다. 이 왕국의 영토에 떨어져 있는 조약돌들은 실제 돌멩이처럼 단단하지는 않지만 분명한 내부 구조를 가지고 있다 그림 8.

실제로 여러분들이 이 왕국에 떨어져 있는 조약돌(원자)을 하나 주위 든다면 우선 너무도 가벼운 무게에 깜짝 놀랄 것이고, 다음으로 마치 거미줄로 만든 집처럼 그 속에 거의 아무것도 들어 있지 않다는 사실을 발견하고 소스라칠 것이다.

실제로 원자는 얼른 보기에는 거의 아무것도 없는 것처럼 보인다. 사람의 시력을 뛰어넘는 날카로운 눈으로만 그 거미줄 집 속

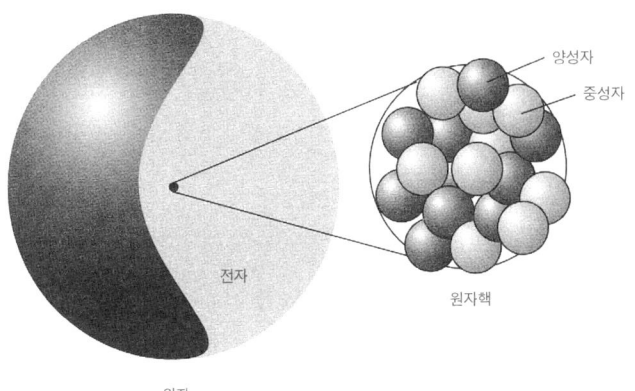

그림 8
원자의 내부 구조. 원자는 중심에 위치한 극미한 크기의 원자핵과 그 주위를 에워싸고 있는 전자구름으로 이루어져 있다. 원자핵의 크기는 원자 지름의 10만분의 1에 불과하다(따라서 이 그림에서 나타낸 것보다도 훨씬 작다. 비유적으로 원자가 축구장이라면, 원자핵은 축구장 한가운데 앉아 있는 파리 한 마리이다.).

에 들어 있는 극미한 점을 발견할 수 있다. 그러나 극히 미세한 크기에도 불구하고 그 작은 점이 원자의 거의 모든 질량을 차지한다. 이 무겁지만 지극히 작은 점이 원자핵이다.

지금까지 알려진 사실에 따르면 원자핵은 양성자와 중성자라는 두 개의 궁극적인 입자, 즉 소립자에 의해 이루어져 있으며 이 두 개의 입자들은 아주 단단히 결합되어 있다(유일한 예외가 수소인데, 수소의 원자핵은 하나의 양성자로 이루어져 있다.). 앞에서 별의 내부에서 원자들이 충돌을 일으킨다고 설명했지만, 실제로는 이 작은 원자핵들이 서로 부딪혔다는 뜻이다. 원자핵 융합이라는 현상은 양성자와 중성자가 결합시켜서 더 복잡하고 무거운 원자핵을 만들어낸다. 다시 말해서 새로운 원소가 탄생하는 것이다. 이 왕국의 형성 과정이 핵 합성이라고 불리는 것은 바로 그 때문이다.

별 내부의 상상할 수 없을 만큼 뜨거운 소용돌이 속에서 원자핵이 안정성을 유지할 수 있다는 사실은 무척 중요하다. 만약 원자핵이 그런 조건을 견딜 수 없을 만큼 약하다면 다음번 충돌에서 산산조각으로 깨지고 말 것이다. 그런데 이런 충돌은 매 초당 수십억 회 일어난다.

이런 초고온의 아수라장 속에서 원자핵이 무사히 견딜 수 있는 까닭은 핵을 구성하는 양성자와 중성자가 매우 특수한 힘(이 힘을 강력(strong force)이라 부른다. 다소 딱딱한 명칭이지만 그것이 얼마나 강한 힘인지를 잘 암시해 준다.)에 의해 단단히 결합되어 있기 때문이다. 소립자들은 이 힘에 의해 서로를 단단히 얽어맨다. 이 강력과 반대되는 힘이 같은 전하끼리 서로를 밀어내는 반발력이다.

그런데 원자핵 속에는 양(+)으로 대전된 양성자들이 한데 밀집해 있다. 따라서 원자핵은 충분한 숫자의 중성자가 없으면 스스로를 유지할 수 없다. 전기적으로 중성인 중성자들이 양성자와의 사이에서 강력을 일으킬 수 있는 근원으로 작용하지 않으면 원자핵은 양성자 사이의 반발력으로 인해 산산조각으로 흩어지게 된다. 특히 상상할 수 없을 만큼 뜨겁고 압력이 높은 별의 내부에서는 충분한 숫자의 양성자들과 중성자들이 서로를 단단히 얽어매고 있는 구조가 아니면 원자핵이 살아남기 힘들다. 그것은 엉성한 뗏목으로 폭풍우가 몰아치는 망망대해에서 살아남기 어려운 것과 마찬가지이다.

실제로 별 내부에서 원자핵이 파괴되지 않고 스스로를 유지한다는 사실은 몹시 놀랍다. 베릴륨(4개의 양성자와 5개의 중성자)과 붕소(5개의 양성자와 6개의 중성자) 정도가 간신히 남을 수 있었다. 그러나 이 원소는 우주 공간에서 쉽게 찾아볼 수 없다. 형성된 원자핵의 대부분이 탄생 직후 다시 분리되었기 때문이다. 오늘날 우리가 발견할 수 있는 리튬, 베릴륨, 그리고 붕소는 대부분 그보다 컸던 원자핵이 조각조각 부서진 파편들이다.

베릴륨과 붕소가 살아남을 수 있었다는 사실은 우리에게는 매우 다행스러운 일이다. 그 원소들이 핵 합성을 계속 진행시켜 '평범한 원소의 왕(King of Mediocrity)'인 탄소의 형성을 가능하게 해 주었고 궁극적으로 이 왕국의 의미를 파악할 수 있는 인류의 탄생으로 이어지는 기나긴 여정의 문을 여는 구실을 해 주었기 때문이다. 탄소의 원자핵이 그토록 빨리 형성될 수 있었던 것은 그 원자핵이 어느 정도 특수한 특성을 가지고 있었기 때문이다.

공명(resonance)이라고 불리는 그 특성이 없었다면, 오늘날 우주 공간에서는 지금처럼 풍부한 탄소 대신 극히 미세한 양의 탄소밖에는 찾아볼 수 없었을 것이다. 공명이란 하나의 진자의 흔들림이 다른 진자에 영향을 미쳐 같은 주파수를 갖게 되는 현상을 말한다. 그 현상은 적당한 에너지 상태에서 원자핵과 양성자 사이의 결합에도 작용한다.

그런 공명이 없었다면 생명도 탄생하지 못했을 것이다. 공명

덕분에 많은 탄소가 생성되었다. 실제로 탄소는 우주에서 세 번째로 흔한 원소이다. 게다가 탄소의 생성은 그 밖의 다른 원소들이 핵 합성될 수 있는 길을 열어 주었다. 처음에는 직사각형 영역의 북쪽 해안선에 해당하는 지역들이 솟아올랐고, 다음에는 남쪽으로 두 번째 열에 해당하는 지역들, 그리고 지협에 속하는 철과 같이 아주 먼 지역의 원소까지 모습을 드러냈다.

그러나 이 지역들을 여행하는 과정에서 우리는 육지가 철의 낮은 구릉을 향해 솟아오르지만 거기에는 규칙적으로 골과 마루가 교차한다는 사실을 발견하게 된다. 이제 왕국은 특성과 위치 사이에서 또 하나의 상호 연관성을 보여 준다. 마루에 해당하는 원소들은 그 사이의 골에 위치하는 원소들에 비해 훨씬 풍부한 원소들이다.

일례로 북쪽의 해안 지역을 따라 탄소, 산소, 네온이 마치 닭이 볏처럼 솟아 등성이를 이루고 있는 반면, 질소와 플루오르는 전반적으로 지대가 하강하는 골을 형성하고 있다. 이런 패턴은—약간의 차이는 있지만—바다를 향해 남쪽으로 경사져 있는 왕국 전체에서 발견된다. 또한 매끄럽게 하강하는 표면이라기보다는 톱날에 더 가까운 남쪽 섬에서도 찾아볼 수 있다.

마치 물결처럼 이랑이 져 있는 왕국의 모습을 설명하려면 원자핵의 구조에 대한 상세한 설명이 필요할 것이다. 다시 말해서 양성자와 중성자가 낟가리처럼 쌓아 올려진 방식에 대한 설명이 필요하다. 중성자와 양성자의 숫자가 짝수일 경우에는 그들이 쌓아 올려지는 구조가 훨씬 안정적일 수 있다. 따라서 마루에 해당하는 원소들의 원자핵은 그 이웃의 (골에 속하는) 원자핵에 비해 미세하나마 높은 안정성을 가지게 된다는 것이다. 그러나 지금까지 우리가 설명에 이용한 시나리오에는 두 가지 문제점이 있다.

하나는 철 이후에 원자핵의 크기가 너무 커져서 중성자와 양성자가 그보다 작은 원자핵에서처럼 강한 상호 작용을 일으킬 수 없다는 점이다. 따라서 철 이후의 원소에서는 안정성이 떨어지게 된다. 만약 별이 다른 변화를 일으키지 않고 계속 불타다가 꺼진다면, 그 결과로 남은 재는 철밖에 없을 것이고, 원소의 왕국은 지협의 첫 번째 줄 이상으로 확장되지 못했을 것이다. 철은 우리가 기술했던 핵 합성 과정이 도달하는 종착역에 해당한다. 따라서 더 다양하고 변화무쌍한 별의 역사가 없었다면 지금 우리가 보고 있는 왕국의 절반 이상은 생겨날 수 없었을 것이다.

두 번째 문제는 왕국의 영토의 절반에 해당하는 원소들이 별의 내부에 붙잡혀 있었다면, 우주에서 생명이 탄생될 가능성이 거의 없었을 것이라는 사실이다. 생명이 탄생하기 위해서는 우리 왕국이 별들 바깥쪽에 존재해야 하며, 거기에서 무기 물질이 유기 물질로, 그리고 궁극적으로는 유기체로 변환되어야 한다.

이 두 가지 문제는 핵 합성의 피할 수 없는 결과에 의해 해결되었다. 따라서 이제 핵 합성의 과정을 더 상세하게 살펴볼 필요가 있을 것이다. 갓 태어난 별의 내부에서 생명의 첫 단계가 시작된 것은 별 내부의 온도가 1000만 도(10^7K) 정도로 상승했을 때였다. 이것은 별의 생명 주기에서 수소가 연소되는 단계이다. 이 단계에서 수소의 원자핵이 녹아 헬륨을 형성했다.

사람의 일생에 비유하면 중년의 나이에 해당하는 별인 우리 태양의 경우, 초당 약 6000억 킬로그램의 수소가 이 과정을 거쳐 헬륨으로 바뀐다. 별이 갖고 있는 수소의 약 10퍼센트가 소모되면 다음 단계로 응축 과정이 일어나며 별의 중심부의 온도는 1억 도 이상으로 상승한다. 그와 동시에 바깥쪽 영역은 안쪽에서 일어나는 격렬한 활동으로 더 바깥쪽으로 밀려나게 되는데, 그 결과 거대하게 팽창한 별을 적색 거성이라고 부른다.

이 단계에서 고밀도 초고온의 핵심부에서는 헬륨 연소가 시작된다. 그리고 헬륨의 원자핵은 융융되어 베릴륨, 탄소, 그리고 산소가 되는 것이다. 이 단계는 핵심부의 헬륨이 모두 고갈되고 탄소와 산소가 거의 비슷한 비율로 생겨날 때까지 계속된다(여기서 우리는 이들 두 원소가 수소와 헬륨 다음으로 우주에서 가장 흔한 원소라는 사실을 기억해 둘 필요가 있다.). 이 단계에서 이미 생명이라는 건축물의 가장 기본적인 벽돌이 탄생한 것이다.

헬륨 연소 단계의 막바지에서 별의 핵심부 안쪽 영역은 다시 응축하기 시작하고 온도도 재차 상승한다. 충분한 질량을 가진 별의 경우——최소한 우리 태양의 네 배 정도의 질량을 가진 별——그 온도는 무려 10억 도($10^9 K$)까지 상승한다. 이 정도 온도에서는 탄소와 산소의 원자핵이 융합될 수 있다. 그 결과로 나트륨, 마그네슘, 규소, 황과 같은 가장자리에 속하는 매우 무거운 원소들이 형성된다. 드디어 미래 육지의 풍경을 이루게 될 원소들이 태어나는 것이다.

별의 핵심부에서 탄소와 산소가 고갈되면서 규소가 증가하게 된다. 그리고 규소가 연소되는 단계가 시작된다. 이 과정에서 규소는 황, 아르곤, 그리고 그 밖의 무거운 원소들로 바뀐다. 응축으로 별 내부의 온도는 약 30억 도로 치솟게 되며, 이른바 별의 일생에서 평형 단계가 시작된다. 그리고 철과 가까운 원소들이 생성된다. 철은 모든 원소들 중에서 가장 안정된 원자핵을 가지고 있다. 만약 별이 끝까지 남김없이 타 버린다면 철로 된 커다란 공이 되고 말 것이다.

이런 변화가 일어나는 동안 별의 바깥쪽 영역에서 원자핵은 강력한 중성자들의 흐름에 쏘이게 된다. 그 중성자들의 회오리는 핵심부에서 발생한 핵반응에 의해 일어난 것이다. 이 중성자들은 충돌을 통해 원자핵에 흡수되며, 상당수의 부가된 중성자들은 특정한 원자핵에 축적될 수 있다. 중성자 축적의 일정 단계에서 원자핵은 불안정해지고 전자를 하나 토해 낸다. 그것은 실질적으로 중성자가 양성자로 붕괴되어 더 무거운 새 원소가 형성되었음을 알리는 신호이다. 따라서 왕국은 점진적으로 철의 영역을 넘어 확장되어 우라늄에 이르는 원소들(그리고 그 이상의 원소들)이 생성되는 것이다.

그렇지만 별들이 그 탄생에서 종말에 이르기까지 순탄한 과정을 거치면서 조용하게 타오르는 것은 아니다. 별이 원자핵을 모두 소모하게 되면, 그 중심이 모두 소진되어 연료가 남김없이 고갈되는 단계가 온다. 이 단계에서 별의 바깥쪽 영역이 마치 지붕이 무너지듯 안쪽으로 붕괴하면서 지옥불처럼 뜨거운 중심부로 떨어져 내린다. 그리고 떨어지는 물질들은 밀도가 높은 별의 핵심부에 충돌한 다음 다시 튀어 오른다.

이런 방식으로 별은 마치 허물을 벗듯 바깥쪽 영역들을 벗겨낸 다음 우주 공간으로 흩어지게 한다. 그 후에도 원래 별은 연소를 계속하며 심지어는 다시 폭발을 일으키기도 한다. 좀 더 정확하게 이야기하자면 이 과정에서 별은 매우 귀중한 재, 즉 새롭게 생성된 원소들을 우주 공간으로 퍼트린다. 이제 우주 공간은 더 이상 원시 수소와 헬륨의 희박한 구름에 머물지 않는다. 그 구름 속에는 매우 소중한 오염물이 포함되어 있다. 이제 최초의 중요한 오염이 발생한 것이다. 그리고 이후 왕국의 풍경, 생명, 기술, 그리고 동력을 탄생하게 만들 잠재력이 별 바깥쪽으로 퍼져 나오게 된 것이다.

다른 별들도 형성될 수 있다. 그리고 새로운 별이 생성될 때 그 별들은 이미 왕국의 대부분의 영역을 오염시킨 기체에서 생성되었다. 이 응축되고 오염된 기체 구름들은 핵반응의 형식으로 연소하면서 왕국에 더 풍부한 수프를 공급한다. 시간이 흐르고 마지막 순간이 다가오면, 별들은 전형적이고도 폭발적인 방식으로 종말을 맞이하게 된다. 성진(星震, 별의 물질 분포나 형상에 급격한 변화가 일어나는 현상—옮긴이)이 일어나면, 그 과정에서 발생하는 출렁임과 그에 대한 반발력으로 인해 훨씬 더 많은 원소들이 우주 전체에 퍼져나간다.

새롭게 해방되어 우주 공간에 퍼뜨려진 원자핵은 복잡한 조성을 가지고 있으며, 그 조성은 그 물질들이 생성된 다양한 방식을 반영한다. 별들은 질량의 차이에 따라 종말을 맞는 방법도 갖가지이다. 어떤 별들은 열평형 상태까지 도달하지 않으며, 일부는 헬륨 연소 단계까지도 다다르지 못한다. 어떤 별은 빠른 속도로 연소하고 어떤 별들은 아주 느리게 타오른다. 그러나 한 가지 공통된 특성은 핵 합성의 메커니즘에 의해 질량이 극히 작은 리튬, 베릴륨, 그리고 붕소를 생성하게 된다는 점이다. 이 가벼운 원소들은 이후 다른 원소로 바뀌거나 태어나자마자 별의 연료로 소모되기 때문이다.

물질의 진화 단계에서 왕국의 이 지역들은 모두 무(無)의 바다의 수면 아래쪽에 머물고 있었다. 그러나 우주 공간 속에서 벌이는 원자핵의 여행은 무척이나 위험스럽다. 우주 공간은 우주선(宇宙線)으로 가득 차 있고, 소립자들이 빠른 속도로 날아다니기 때문이다. 따라서 충돌이 일어나고 이 과정에서 무거운 원소의 원자핵은 작은 조각으로 나뉜다. 이것이 파쇄(다른 소립자와의 충돌로 원자핵이 세 조각 이상으로 부서지는 것—옮긴이)라고 불리는 현상이다. 이렇게 탄생한 파편 중에는 리튬, 베릴륨, 플루오르 등의 원자핵이 포함되어 있다. 왕국의 이 지역들은 별들에서 멀리 떨어진 별 사이 공간의 숨 막히는 정적 속에서 벌어진 생존을 위한 치열한 싸움을 통해 간신히 무의 바다에서 솟아오른다.

이제 왕국은 실질적으로 완전히 형성된 것이다. 왕국은 무의 바다 위로 부상했고, 이후 거의 영원히 실질적으로 같은 모습을 유지하게 될 것이다. 원소의 왕국은 별들 속에서 형성되었다. 실제로 그곳에 있는 모든 것이 우리의 가상의 왕국에 존재하며, 우리 지구상에 실재하는 삼라만상은 오래전에 불길이 잦아든 아득히 멀리 떨어진 별들 속에서 버려져 별이 죽음의 단말마를 내지르며 최후를 맞이하는 과정에서 우주의 바람에 쓸려 공간 속으로 퍼진 물질들인 것이다.

탄생의 진통을 겪은 후 별 내부의 격렬한 소용돌이에서 빠져나온 원소들은 이후 비교적 순탄한 역사를 거쳐 왔다. 정처 없이 텅 빈 우주 공간을 한참이나 떠돌면서 간신히 다른 소립자와의 충돌을 피했고, 복사에 밀렸으며, 이동하는 가스 구름에 휩쓸리면서 방황하던 일부 원자들의 성운(星雲) 속으로 모이게 되었다(원소 왕국의 역사에서는 서서히 구조적인 형태를 갖추기 시작한 이 성운에 대한 이야기가 자주 등장한다.). 그것은 주로 수소와 헬륨으로 이루어진 구름이었지만, 이제는 전체 왕국을 대표하는 원소들의 원자들이 뒤섞이게 되었다. 그 시기는 지금부터 약 40~50억 년 전이었고, 우주가 탄생한 후 100억 년이 지난 후였다.

한편 여러 가지 원자를 포함한 오염된 구름은 점차 응축되기 시작했다. 입자들 사이에 작용하는 중력이 응축되지 못하게 막는 힘보다 강했기 때문이다. 결국 응축된 구름은 핵반응을 시작했고, 수소가 녹아 헬륨으로 변하는 과정에서 에너지를 방출했다. 그 결과 주변의 우주 공간을 밝게 비추었다.

그러나 모든 불순물들이 응축된 것은 아니었다. 매우 중요한 잔존물들이 남아 백열하는 별 주위를 회전하면서 서로 부딪치고 달라붙어 처음에는 작은 알갱이를 만들고, 알갱이들이 모여 암석이 되고, 점차 작은 행성체를 형성하다가 이윽고 별 주위를 공전하는 커다란 행성이 되었다. 태양 주위를 회전하는 행성들도 그런 과정에서 태어났다. 이런 구체들 중 하나가 우리의 모든 활동의 터전이 되는 용융된 행성, 즉 지구가 된 것이다.

왕국의 역사에서 아득히 먼 과거를 살펴보는 과정에서 놓치지 말아야 할 중요한 요점은 풍부함을 기초로 한두 가지 지형도가 존재한다는 것이다. 지금까지 우리의 마음의 눈은 우주라는 폭넓은 관점에서 수소와 헬륨의 탑이 미세한 기복으로 물결치는 평원 위에 우뚝 솟아 있던 아득한 과거로부터의 과정을 살펴보았다. 이제 우리는 지구가 갖고 있는 풍부함이라는 관점에서 왕국을 조망해 보아야 할 것이다.

이런 관점에 서면 우리 눈앞에 펼쳐지는 풍경은 사뭇 달라진다. 수소와 헬륨의 높은 봉우리는 온데간데없이 사라지고 지표면보다 조금 높은 정도에 불과해진다. 그 대신 철, 산소, 규소, 그리고 마그네슘의 산들이 우뚝 솟아 있고, 그 옆으로 황, 니켈, 칼슘, 그리고 알루미늄의 조금 낮은 봉우리들을 볼 수 있다.

대격변이 왕국의 모습을 근본적으로 뒤바꾸어 놓았다면, 지금은 그루터기에 불과한 원소들의 과거 높았던 봉우리는 어디에 있는가? 그리고 지금은 높은 산을 이루고 있는 원소들의 과거 모습인 그루터기는 어디에 있는가?

지구의 형성 과정이 별 내부에서 원소들이 형성되는 과정에 비해 훨씬 순탄했다 하더라도, 오늘날의 기준에서 본다면 매우 격

럴했다. 특히 갓 태어난 지구는 오늘날 지구의 내부 상태와 마찬가지로 온통 녹아 있는 용암으로 뒤덮여 있었다. 그리고 그 엄청난 열 때문에 숱한 휘발성 화합물들이 우주 공간으로 날아가 버렸다. 가장 기본적인 원소인 수소는 거품 속에 갇혀 우주 공간으로 방출되었고, 화학적으로 불활성인 헬륨은 어떤 다른 원소와도 반응을 일으킬 수 없었기 때문에 지구상에 닻을 내리지 못했다.

광물 내부에 물의 형태로 갇혀 있던 수소를 포함해서 지구상에 남은 비(非)휘발성 화합물을 구성하는 데 성공한 수소를 제외하면, 수소와 헬륨의 높은 탑은 지구의 뜨거운 온도로 끓어 우주 공간 속으로 모두 증발해 버렸고, 지구상에는 그 흔적인 그루터기만이 남아 있는 셈이다. 실제로 원시 지구에는 헬륨이 전혀 남지 않았다. 오늘날 우리가 지구상에서 발견할 수 있는 헬륨의 잔존물은 라듐이나 우라늄과 같은 무거운 원소들이 방사성 붕괴를 하는 과정에서 생성된 것들이다.

젊은 지구에 일부 남아 있던 열에도 불구하고, 원소들은 화합물을 구성해서 서로를 단단히 붙들어 맬 수 있었다. 규소와 그 북쪽과 서쪽의 이웃들인 산소와 알루미늄은 규산염과 알루미노규산염을—오늘날 우리가 발을 딛고 서 있는 암석의 구성 성분—형성했다. 이 가벼운 원소들은 철, 니켈과 같은 밀도가 더 높은 원소들의 위쪽으로 떠올랐고, 무거운 원소들은 액체 상태로 용융되어 있는 지구 내부로 흘러 들어가 지금도 그곳에 있다. 또한 일부 원소들은 어리석게도 황과 결합하기도 했다. 어리석다고 하는 이유는 많은 황 화합물들이 휘발성이기 때문에 끓어오르는 지구에서 방출되는 불행한 운명을 맞이했기 때문이다.

왕국을 구성하는 원소의 풍부성에 대한 우주적 관점의 지형도는 지역들이 형성하고 있는 화합물의 휘발성에 따라 부침하게 된다. 그리고 왕국의 풍부함이라는 관점에서 비추어 본 현재의 지형도는 우주 전체의 관점에서 본 풍경과는 큰 차이를 나타낸다.

지금까지 우리는 아득히 먼 과거와 비교적 최근인 가까운 과거의 모습을 잠깐 살펴보았다. 그리고 왕국의 현재 모습이 어떻게 형성되었는가에 대해 개괄적인 지식을 얻게 되었다. 그렇다면 그 미래의 모습은? 이 왕국은 영원히 현재의 풍경을 유지할 것인가, 아니면 다시 무의 바다의 파도 밑으로 자취를 감출 것인가?

미래의 어느 날—몇 년 후, 또는 기껏해야 수백 년 후면—아틀란티스 섬이 발견될 것이다. 그것은 지적으로는 중요한 업적이지만, 실용적인 면에서 큰 의미를 갖지는 못할 것이다. 그보다 훨씬 흥미로운 일은 아주 먼 미래에 왕국이 맞이할 운명에 대한 것이다. 모든 별들이 죽음을 맞이하고 이 책에 들어 있는 잉크가 한 방울도 남지 않고 우주 공간 속으로 모두 돌아가 버릴 아득한 미래의 원소 왕국은 어떤 모습일까? 가장 그럴듯한 시나리오는 (물론 확실하지는 않지만) 10^{100}년 정도 되는 먼 미래에 모든 물질은 다시 복사로 붕괴된다는 것이다. 우리는 이 과정을 머릿속에서 상상할 수도 있다.

왕국을 구성한 봉우리와 골짜기들은 점차 낮아지고 메워지고, 철의 산은 날로 높아질 것이다. 그리고 원소들은 점점 낮은 에너지 형태로 붕괴될 것이다. 물질이 곧바로 복사로 붕괴되지 않는다면(이것은 하나의 가능성이다.), 왕국은 외로운 철의 탑으로 바뀔 것이다. 무의 바다 위에 철이라는 단 하나의 높다란 봉우리만이 우뚝 솟아 있는 살풍경한 모습이 될 것이다. 그러나 마침내 철도 붕괴해 그 외로운 탑마저 파도 속으로 사라져 버릴 것이다.

그동안 쌓아 올려진 우리의 모든 업적들은 복사 속으로 흩어져 버릴 것이다. 그리고 잠깐 동안 우리의 과거 존재를―과거의 왕국에 대한 우리의 지식과 정보―기념하는 기념비가 서 있는 시기가 있을지도 모른다. 그러나 그보다 훨씬 먼 미래에는 우주 팽창에 따라 모든 복사가 편평하게 펼쳐지고 그 어떤 흔적도 남기지 않는 시기가 찾아올 것이다.

    이제 우주는 죽어 있는 평평한 시공으로 바뀌어 버려 왕국에는 어떤 지적 존재도 남아 있지 않게 될 것이다. 왕국은 수면 아래쪽으로 잠겨 버려, 한때 번성했던 지식과 그 기억들을 포함해서 모든 것들은 과거로 돌아가 침묵 속으로 사라지고 말 것이다.

7
지도 제작자들

처음에는 우리의 왕국이 매우 합리적이라는 사실이 올바로 평가되지 못했다. 18세기에 들어서서 수소, 산소, 철, 구리 등의 지역이 알려졌고, 19세기 초엽에 이르러 다른 십여 개의 지역들이 밝혀진 것은 분명하다. 그러나 이 지역들은 마치 바다 위에 떠 있는 군도(群島)처럼 아무렇게나 배열되어 서로 연결되어 있지 않은 독립적인 섬들로 생각되었다. 사실 당시에는 이들 서로 분리되어 있는 지역들이 사촌지간이라고 믿을 수 있는 어떤 근거도 없었다.

시험적이었지만 최초로 이 왕국의 지도를 진지하게 작성하려고 한 사람은 요한 되베라이너(Johann Döbereiner)라는 독일인 화학자였다. 1780년 마부의 아들로 태어난 그는, 성장한 후에는 약제

사의 도제가 되었다. 후일 예나 대학교의 화학 부교수가 된 그는, 이 왕국의 일부 섬들에 대한 보고서들(다른 화학적 탐험가들이 쓴 보고서들)이 원소들 사이의 여러 가지 친척 관계의 존재를 시사하고 있다는 사실에 주목했다.

1829년, 그는 이 군도에서 3조 원소(성질이 비슷한 3개의 원소—옮긴이)를 식별해 냈다. 이 원소들은 군도를 이루고 있는 섬들 중 일부가 최소한 사촌지간이라는 사실을 암시하고 있었다. 겉으로 보기에는 되베라이너가 발견한 3조 원소들이 물리·화학적 특성에서 완만한 단계적 차이를 나타내는 다른 원소들의 집단이나 큰 차이가 없는 것처럼 보였다. 그러나 되베라이너는 3조 원소들이 한 가지 두드러진 특성을 가지고 있다는 사실을 밝혀냈다. 3조 원소 중 중심 원소의 원자량은 바깥쪽의 다른 두 원소의 산술적인 중간(평균)에 해당했다. 친족 관계와 위치의 수적(數的) 토대가 모습을 드러내기 시작한 것이다.

일례로 그는 군도의 한 지역에서 철, 코발트, 그리고 니켈(원자번호는 각각 26, 27, 28이고 원자량은 각각 55.85, 58.93, 58.69이다.)의 3조 원소를 발견했다. 그 결과 지협의 한 영역이 탄생하게 되었다. 그는 다른 지역에서도 염소, 브로민, 아이오딘(원자번호는 각각 17, 35, 53이고 원자량은 각각 35.45, 79.90, 126.9이다. 이 원소들은 할로겐족 원소의 북-남 열에서 잇달아 발견된다.)을 연결시켰고, 칼슘, 스트론튬, 바륨(원자 번호는 각각 20, 38, 56이고 원자량은 각각 40.08, 87.62, 137.3이다. 역시 북-남 방향으로 열을 지어 있다.)을 찾아냈다.

오늘날의 관점에서 본다면 이들 3조 원소들을 찾아내는 일은 전혀 어렵지 않다. 서로 이웃한 원소들은 극히 밀접한 관계를 갖고 있기 때문이다. 그러나 가령 20개의 원소에 대해 전체적인 조망을 얻기는 그보다 훨씬 힘들다. 더구나 왕국의 소수 지역만이 보고되어 있던 되베라이너의 시대에는 어려움이 훨씬 컸다. 당시에는 원소들에 대해 극히 빈약한 정보밖에 없었다. 특히 그 원자량에 대해서는 거의 알려지지 않았다.

되베라이너는 무수한 지역들이 아직 제자리를 잡지 못한 시절에 온통 혼란스러운 자료들을 토대로 일정한 패턴을 찾아내기 위해 심혈을 기울였다. 그 작업은 되베라이너의 화학적 통찰력을 입증하는 일이기도 했다. 그는 자신이 제안한 원소들 사이의 상관관계를 입증하는 데 성공했다.

그러나 그는 3조 원소들과 원자량 사이에서 어떤 연관 관계가 있는지 3조 원소들의 성질이 서로 비슷한 이유가 무엇인지는 분명하게 알지 못했다. 당시 3조 원소들은 서로 아무런 관계도 없는 것처럼 보였다. 현재의 관점에서 돌이켜 보면, 우리는 3조 원소들이 왕국의 매우 특이한 지역에 위치한다는 사실을 곧 알아차릴 수 있다. 그러나 되베라이너와 그의 동시대인들은 전체적인 패턴을 보지 못했다. 그들에게는 조각조각 나뉘어 이리저리 꿰어 맞춰진 작은 땅뙈기들밖에는 보이지 않았다.

이런 연관 관계를 주장하는 데는 상당한 위험이 따랐음은 말할 것도 없다. 18세기 말과 19세기에 물질에 산술적인 패턴이 존재한다고 믿은 화학자는 거의 아무도 없었던 것이다. 실제로 그렇게 믿을 만한 아무런 근거도 없었다. 물질은 손으로 만져 볼 수 있는 실체를 가지고 있는 반면 수는 추상적이었다. 추상적인 개념은 지식인들의 산물이고 체계적으로 고안된 것이기 때문에 분명한 패턴을 가질 수 있었다. 그러나 물질은 지구를 구성하는 실체를 가진 재료이지 지적 작업에 의한 허구가 아니었다. 한마디로 물질은 실재였다. 물질을 구성하는 부분을 나누어서 하나씩 식별할 수는 있지만, 그 구성 부분들이 수적 패턴을 이룬다고 가정할 수 있는 어떤 근거도 없었다.

그 패턴들이 최초로 발견되었을 때에도, 일부 학자들이 보인

반응은 조롱과 멸시뿐이었다. 1860년대에 상당한 면적에 달하는 지역들이 개척되자 왕국 전체를 지배하는 리듬이 존재할지도 모른다는 물음이 제기되었다. 1862년, 왕국 전체를 관통하는 패턴을 처음으로 제안한 사람은 프랑스의 지질학자 베귀예 드 상쿠르투아(Béguyer de Chancourtois)였다. 그는 원소들을 원통에 나선 모양으로 배열하는 방법으로 24가지 원소들을 원통 위에 표시할 수 있었다. 그는 원소들의 특성 사이에 나타나는 주기성에 초점을 맞추었다. 그의 관찰에 따르면 비슷한 원소들은 7번째마다 나타났다.

1864년, 이보다 진전된 2차원 배열이 등장했다. 우리는 이 배열에서 오늘날 사용하는 왕국 지도의 기원을 엿볼 수 있다. 영국의 화학자 존 뉴랜즈(John Newlands)가 제안한 이 배열은 모두 35개의 원소를 포괄하고 있었다. 이탈리아계인 뉴랜즈는 1837년 런던에서 출생했다. 그는 나폴리 전투에서 가리발디의 군대와 전투를 벌였고, 이후 설탕을 정제하는 기업체의 화학자라는 지위로 강등되었다(낭만적이고 영웅적인 전투와 비교했을 때).

불행하게도 그는 자신의 관찰을 보고하는 데 음악이라는 모호한 유추를 사용했다. 그는 8도 음계와 마찬가지로 원소들 사이에서도 8번째 단계마다 마치 화음처럼 일치점이 나타난다는 사실에 주목했다. 따라서 그는 원소들이 8도 음정이라는 배열을 가지고 있고, 상당한 정도까지 그의 생각이 옳다고 확신했다.

다시 고도를 높여 하늘에서 왕국을 살펴보자. 우리는 왕국의 직사각형 지역의 북쪽 해안선에 리튬에서 네온에 이르기까지 모두 8개의 지역이 있다는 사실을 알 수 있다. 여기서 낮은 저지(低地)의 동쪽 해안 지대에 영족 기체들이 존재하지 않는다고 가정하면(뉴랜즈의 시대에는 그 지역들이 수면 위로 나타나지 않았기 때문에), 리튬 다음의 일곱 번째 원소는 네온이 아니라 나트륨이며, 또 하나의 알칼리 금속인 이 지역은 리튬과 뚜렷한 유사성을 지닌다. 다른 8음정 원소로 나트륨에서 동쪽으로 7단계를 진행하면(이번에도 동쪽 해안의 평원을 무시하기로 하자.) 역시 나트륨과 친척지간인 칼륨이 나타난다.

그가 이 원자들의 질량에 따라——즉 원자량에 따라——지역들을 배열했을 때, 그는 여덟 번째 자리에 있는 원소들이(영족 기체는 그 후에 발견되었다.) 화음을 이룬다는 사실을 발견했다.

상쿠르투아와 뉴랜즈는 이 왕국의 전체적인 배치를 흘낏이나마 들여다본 셈이었다. 분산된 원소들의 상호 연관 관계에 대한 되베라이너의 관찰을 제외하면 당시까지 왕국의 지역들에 대한 보고는 드문드문 흩어져 있는 서로 고립된 섬들에 불과했다.

―

그러나 뉴랜즈가 자신의 관찰 결과를 음악이라는 유추를 사용해 표현한 것은 불행을 자초하는 일이었다. 그의 연구에 대한 반응은 사람들의 비웃음뿐이었다. 자연의 궁극적인 본질이 어떻게 음악의 화성과 연관될 수 있단 말인가? 얼마나 터무니없는 주장인가! 모차르트가 작곡을 할 때 화학적 조성을 나타냈단 말인가? 하이든이 화학 약품들을 이리저리 섞어서 사람들의 귀를 즐겁게 만들어 주었는가? 뉴랜즈는 화학 원소들을 8도 음정 대신 알파벳 순서로 배열하는 편이 훨씬 낫지 않았을까?

그렇지만 이런 조롱도 왕국의 배열을 체계적으로 조직하려는 이후의 시도들을 억누르지 못했다. 세 명의 과학자들이 얼른 보기에는 아무런 연관도 없는 것처럼 보이는 원소들의 관계를 합리적으로 정리하려는 시도에 가담했다.

한 사람은 영국의 왕립 과학 연구소에서 마이클 패러데이의 지위를 이어받은 윌리엄 오들링(William Odling)으로 후일 옥스퍼드 대학교의 화학 교수가 된 인물이었다. 뉴랜즈가 그의 음악적 지도를 발표한 것과 같은 해인 1864년에 오들링은 역시 오늘날의 지도에 상당히 근접한 왕국의 지도를 발표했다. 그는 오늘날 우리가 식별할 수 있는 위치에 57개의 지역을 배열했는데, 그중에서 한두 지역은 제대로 분리되지 않고 하나로 취급되었다. 또한 그는 여러 곳에 빈칸을 남겨 두었다. 그 틈새들은 아직 발견되지 않은 원소의 존재를 강하게 시사하는 것이었다.

그러나 오들링의 연구는 온당한 취급을 받지 못했고 당대의 학자들에 의해 거의 무시되었다. 그는 91세까지 살았으며 최초로 왕국의 지도 제작에 뛰어들었던 선구자들 중에서 20세기까지 살아남은 유일한 인물이었다. 그는 1921년에 세상을 떠났다.

같은 해인 1864년, 독일의 화학자 율리우스 로타르 마이어(Julius Lothar Meyer)는 원소가 다른 원소와 화합물을 형성할 수 있는 능력은 원자량에 따라 주기적인 변화를 나타낸다는 것을 입증했고, 이어 왕국의 축약판 지도 작성 작업을 진척시켰다. 또한 그는 왕국의 여러 지역들의 물리적 특성, 특히 원자 1개가 점하고 있는 부피인 원자 부피(atomic volume)를 조사했다. 그는 밀도와 원자량을 통해 그 부피를 측정할 수 있었다. 그는 원자 부피와 원자량을 좌표로 삼아 지도를 작성하는 방법을 통해 — 당시 원자량과 원자 부피는 원소들을 분간하고 순서대로 배열할 수 있는 가장 기본적인 변수였다. — 거기에는 일종의 리듬이 발생한다는 사실을 발견했다 그림 9. 그 속에서 뉴랜즈의 8도 음정을 명백하게 확인할 수 있

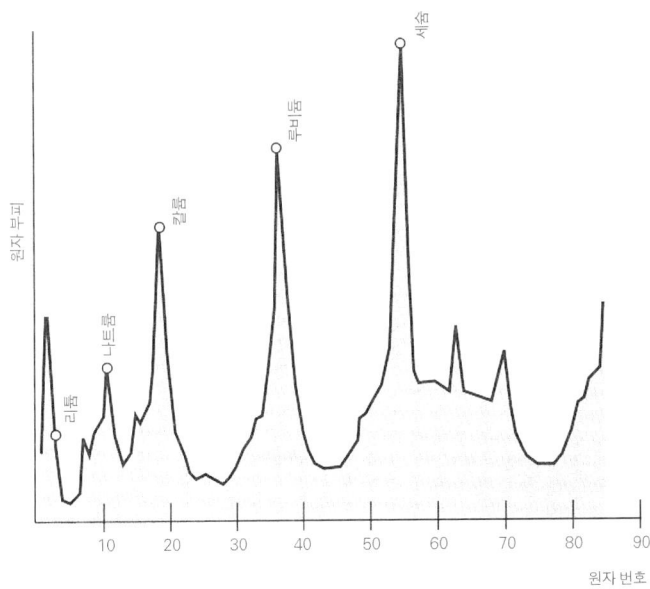

그림 9
원소의 원자 부피에 대한 마이어의 도표를 현대적으로(훨씬 더 완성된 모습으로) 만든 도표. 원래 마이어는 원자량에 대한 수치를 도표로 나타냈다. 그러나 이 도표에서는 보다 근본적인 특성인 원자 번호에 대한 수치를 도표로 작성했다. 그 값이 주기적으로 상승과 하강을 반복한다는 사실에 주목하라.

었다.

원자 부피는 여덟 번째와 열여섯 번째 원소에서 절정에 이르렀는데 거기에서 리듬이 변화되었다. 정점들 사이에는 18개의 원소들이 놓여 있었다. 당시 알려진 원소들에서 그 정점을 따라가면 원자 부피의 정점이 다시 반복되기 이전에 또 하나의 긴 주기가 나타났다. 마이어는 원소들의 특성에서 나타나는 주기성을 발견했다. 그것은 마치 원소들의 열(列)을 관통하는 파도 같은 복잡한 리듬이었다. 왕국은 존 뉴랜즈의 추측보다 훨씬 복잡했다. 뉴랜즈는 이 복잡한 구조로 통하는 문을 발견한 데 불과했다. 그리고 오들링과 마이어가 그 뒤를 이어 탐험을 계속했다.

유럽에서 멀리 떨어진 러시아의 상트페테르부르크에서 중혼(重婚)의 경력이 있는 화학자 드미트리 이바노비치 멘델레예프(1834~1907, Dmitri Ivanovitch Mendeleev) 역시 비슷한 문제에 눈을 돌렸다. 그러나 그는 훨씬 더 화학적인 관점에서 그 문제에 접근했다. 그는 오들링과 마이어가 이룬 업적에 대해서는 전혀 모르고 있었다.

멘델레예프는 미치광이 수도사 라스푸틴(시베리아의 농부 출신 수도승으로 황후의 신임을 얻어 권세를 얻었지만 후일 암살당했다.—옮긴이)을 연상시키는 인물이었다. 그는 라스푸틴과 필적할 만한 명성을 떨쳤다. 그는 시베리아에서 14명의 형제들 중 막내로 출생했다. 상트페테르부르크에서 그는 노골적인 언행, 급진적인 자세, 걸핏하면 논쟁을 벌이기 좋아하는 성격을 유감없이 드러냈으며, 또한 여자 관계로도 물의를 일으켰다. 당시 러시아의 법률은 중혼자들에게는 매우 엄격했다. 한 번 결혼한 사람이 이혼하고 다시 재혼하려면 의무적으로 7년을 기다려야 했다. 그러나 그는 그 기간이 끝난 후에도 곧바로 이혼하지도 재혼하지도 않았다. 한마디로 말해서 그는 두 여자와 계속 관계를 맺고 있었다. 그러나 러시아 황제는 멘델레예프가 두 명의 아내를 가지고 있지만 황제 자신에게는 오직 한 명의 멘델레예프가 있을 뿐이라는 이유를 들어 그를 법정에 세우지 않았다.

이처럼 황제에게 있어 유일무이한 존재였던 멘델레예프는 당시 왕국에 61개의 섬이 있다는 사실을 알고 있었고_{그림 10}, 그 지역들 사이의 화학적 관계를 찾아내고자 왕국 전체에 질서를 부여하려고 했다. 그 무렵에는 오늘날 알려진 왕국의 5분의 3만이 알려져 있었다.

그는 용기 있게 자신의 내면으로부터 울려오는 목소리에 따라 아직 일부 지역들이 발견되지 않았다는 결론을 내렸다. 따라서 마치 완성된 양 잘못된 인식을 심어 주기보다는 앞으로 왕국을 보

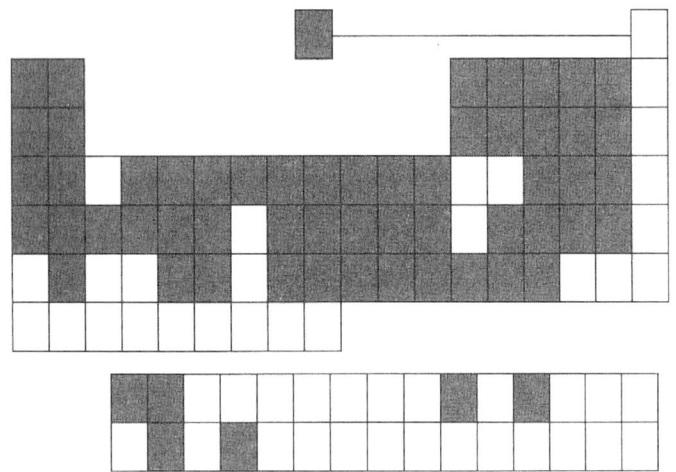

그림 10
음영으로 나타낸 지역은 멘델레예프 시대에 알려진 원소들이다. 이 책에 실려 있는 주기율표와 이 지도를 비교하면 흥미로울 것이다.

다 정확하게 조사할 미래의 탐험가들을 위한 지침으로 후일 완성될 공간을 남겨 두는 편이 좋겠다는 결론을 내렸다. 전하는 이야기에 따르면, 그는 원소들에 도입하려 했던 질서의 문제와 씨름하며 화학 교과서를 집필하던 중에 잠깐 낮잠을 잤는데, 그때 지도에 대한 꿈을 꾸었다고 한다. 잠에서 깨어난 그는 곧바로 왕국의 지도

작성 작업에 들어갔고, 얼마 후 거의 완전한 형태의 지도를 완성시킬 수 있었다고 한다. 지도가 완성된 날짜는 1869년 2월 17일이었다.● 또한 멘델레예프가 혼자서 하는 카드 놀이(페이션스)를 자주 즐겼다는 사실도 지도 발견에 한몫 했을 것이다. 그는 카드에 원소명을 적어 놓고 가로세로로 이리저리 배열하곤 했다고 한다.

멘델레예프는 원자량이 원소의 유일하고 근본적인 특성이라고 주장했다. 원자량, 즉 원자의 질량은 온도를 비롯한 그 밖의 변수들로부터 독립적이기 때문이었다. 그는 원소들을 원자량의 증가에 따라 배열하는 방법으로 그중 상당수의 원소들이 당시 상당히 정확하게 알려져 있었다는 사실을 발견했고, 패턴의 연결을 위해 필요하다고 생각되는 빈칸을 용기 있게 그대로 남겨 두었다. 그리고 오늘날 사용되는 주기율표의 구조와 흡사한 직사각형 배열로 지역들을 정렬했으며, 그 결과 그는 유사성을 포착했다. 현재의 왕국 지도와 마찬가지로 특정 원소의 북쪽과 남쪽에 사촌과 육촌에 해당하는 원소들이 배열되었다. 그리고 서쪽에서 동쪽을 향

● 이 날짜는 구력(舊曆)인 율리우스력을 따른 것이기 때문에, 오늘날 사용하는 그레고리오력에 따르면 3월 1일이 된다.

해 점진적인 특성의 변화가 나타났다. 오늘날 주기율표의 세로열은 족(族, group), 가로줄은 주기(週期, period)라고 불린다. 오늘날 우리가 100여 개 이상의 원소들을 알고 있는 데 비해 당시 멘델레예프는 고작 62개의 원소만을 알고 있었고, 최초의 시도에서 32개의 원소만을 지도로 작성할 수 있었다.

그러나 그 정도로도 이 왕국의 배열을 나타내는 데에는 충분했다. 계속해서 그는 지도의 배열을 여기저기 뜯어고쳤다. 그 과정에서 그의 민감한 화학적 코가 그를 이끌었다. 반면 그가 신봉했던 수비학(數秘學)이 그를 엉뚱한 길로 인도하기도 했다. 원자량에만 의존한 그는 코발트와 니켈의 위치를 뒤바꾸어 놓았다.

텔루륨과 아이오딘 역시 마찬가지였다. 그는 이들 원소를 배치하면서 원자의 질량을 무시하고 자신의 뛰어난 화학적 후각에 의존했다. 아이오딘은 모든 화학적 측면을 고려할 때 할로겐족 원소에 속했다. 따라서 그는 아이오딘을 오늘날의 위치로 바꾸어 놓았다. 코발트는 그 원자량에 따른 순서가 아니라—최소한 화학자의 코에 의거하면—철과 니켈 사이에 위치하는 것이 분명했다.

적절한 족에 배치하기 위해 공란이 필요한 경우에는 그대로 빈칸으로 남겨 두었다. 이미 앞에서 지적했듯이, 이렇게 표시된 빈칸들은 훗날 왕국의 탐험가들에게 알려지지 않은 영토가 어디에 놓여 있는지 알려 주는 지침 구실을 했다. 그 후 얼마 지나지 않아 실제로 에카 규소(저마늄)와 에카 알루미늄(갈륨)이 발견되어 빈자리를 채웠다. 그런데 멘델레예프는 결코 발견되지 않을 원소가 존재한다고 주장하는 실수를 저지르기도 했다.

멘델레예프가 작성한 지도는 오늘날 우리가 사용하는 지도와 크게 다르지 않다. 그러나 그가 왕국을 체계화하기 위해 벌인 최초의 시도는 여러 가지 측면에서 그 후손들이 사용한 방법과 큰 차이가 있었다. 첫째, 그는 왕국이 지협을 가진다는 사실을 고려하지 않았다. 멘델레예프는 그 지역들을 모두 하나의 직사각형 영역 속으로 포함시켰다. 그의 유명한 지도와 그 지도의 표시 방식은 이후 개량을 거듭했고, 이 지도 작성은 20세기 말에 이르기까지도 끝나지 않은 상태였다.

오늘날 사용되는 왕국의 지도는 원자량이라는 단일한 기준을 벗어 버렸다. 이제 원소들은 질량에 따라 나열되는 대신, 훨씬 더 근본적인 성질인 원자 번호에 따라 배열되었다. 원소의 원자 번호는 그 원자의 원자핵 속에 있는 양성자의 수이다. 이제 원자의 무게와 관계되는 중성자의 수는 무시된다. 따라서 수소는 하나의 양성자를 가지며 그 원자 번호는 1이다. 헬륨(하나나 두 개의 중성자를 갖는다.)은 두 개의 양성자를 갖기 때문에 원자 번호는 2이다. 양성자의 수가 92개인 우라늄의 원자 번호는 92이다. 이렇듯 분명한 차례를 나타내는 숫자는 주기율표상에서 가로 방향으로 서에서 동으로 하나씩 증가해 간다. 그리고 남쪽 방향으로도 원자 번호가 증가한다. 원자 번호라는 관점에서 보았을 때 왕국의 대지는 북서쪽에서 남동쪽을 향해 지속적으로 증가해 간다. 왕국의 표면은 작은 요철 하나 없이 매끈한 셈이다.

주기 방향으로(세로로) 왕국을 횡단하면 원자의 질량을 기준으로 나타낸 지도와는 달리 실수를 저지를 염려가 전혀 없다. 남쪽 섬도 북쪽의 가느다란 영역에서는 균일하게(일정한 고도씩) 상승하고, 남쪽의 가느다란 영역에서도 같은 상승폭이 계속된다. 그러나 이 섬을 본토에 결합시키려면 어디에 끼워 넣어야 할지 그 위치를 정확히 알아야 할 것이다.

그런데 여기에서 특별히 중요한 사실은, 왕국의 각각의 지역에 독자적인 측량에 따른 원자 번호가 붙어 있기 때문에 어떤 원소도 빠지지 않았다는 사실을 알고 있다는 점이다. 19세기 말 이전에 원자 번호라는 개념이 알려졌기 때문에, 할로겐족 원소와 인접한 동쪽 영역에 아직 발견되지 않은 기다란 지역이 존재할 것이라는 사실이 분명해졌다. 그 숫자들은 한 주기의 동쪽 끝과 다음 주기의 서쪽 첫머리 사이에서 둘을 건너뛰었다.

우리가 서부 사막의 서쪽에 그와 유사한 미지의 좁은 영역 또는 사라진 세계의 대초원이 존재하지 않는다고 자신 있게 단정할 수 있는 것도 바로 그 이유 때문이다. 거기에는 빠져 있는 원자 번호가 없기 때문이다. 그것은 매우 단순한 이유이지만 가장 명확한 이유이기도 하다. 원자 번호가 가장 궁극적이라고 한다면(그리고 원자 번호에 의구심을 품는 사람이 아무도 없다고 가정한다면), 이제 원소들의 출석 체크는 끝난 셈이다(최소한 1번에서 109번까지는).

왕국의 각 지역에 원자 번호가 붙게 되었다는 사실은 우리가 그동안 개간된 땅에 원자 번호를 붙이면서 남쪽 해안을 따라 걸음을 옮길 수 있다는 것을 뜻하기도 한다. 만약 앞에서처럼 원자 번호가 둘씩 건너뛴다면 우리는 한 지역이 빠져 있다는 사실을 알 수 있고, 따라서 그 지역을 공란으로 남겨 둘 수 있다. 이 위험스럽고, 짧은 순간에 사라져 버리는 남쪽 해안에 붙여진 원자 번호는 발견 순서에 따라 붙여진 것이 아니다. 그 번호들은 구체적인 측정을 통해 결정되었고, 각각의 지역들은 위치에 따라 배치되었다.

이와 비슷한 이유 때문에, 그리고 원자 구조에 대한 지식을 토대로 우리는 가상의 '안정된 섬'의 여러 지역 중에서 최소한 한 지역의 바다까지의 개략적인 거리를 알 수 있다. 그 지역은 원자 번호 115번 가까운 곳에 위치한다. 우리는 '안정된 섬'의 크기를 추측할 수도 있다. 원자 구조에 대한 이론에 따르면 그곳에 180에 가까운 원자 번호에 해당하는 또 다른 지역이 존재하기 때문이다.

원소의 왕국에 서수(序數)를 부여함으로써 얻을 수 있는 또 하나의 큰 이득은 더 이상 지역의 위치를 둘러싸고 말다툼을 벌일 필요가 없어졌다는 점이다(그렇지만 우리는 곧 영토를 둘러싼 또 다른 분쟁이 남아 있다는 사실을 알게 될 것이다.). 실제로 현대의 모든 지도에서 피할 수 없는 현상이듯이, 불안정하고 변덕스러운 지역들의 위치가 갖고 있던 과거의 애매모호함은——코발트와 니켈, 텔루륨과 아이오딘 등과 같은——모두 사라졌다. 이 원소들은 실제로 화학적으로 잘 훈련된 코를 가지고 있는 탐험가들이 예상한 바로 그 위치에서 발견되었다.

우리는 원자량이 대체적으로 원자 번호에 따라 증가한다는 사실이 다행스러운 사건이라는 결론을 내려야 할 것이다. 이후 이루어진 조사를 통해 확인되었듯이 원자량이 원자의 근본적인 특성이 아니라고 하더라도 그러한 경향 덕분에 초기의 지도 제작자들이 상호 연관된 원자의 특성을 파악할 수 있었기 때문이다.

원소의 위치를 둘러싸고 벌어지고 있는 논쟁은 크게 세 가지를 들 수 있다. 두 가지는 화학적인 것이고, 다른 하나는 관료주의와 얽힌 것이다. 첫 번째 화학적 싸움은(물론 세계 대전과 같은 전쟁은 아니고 그보다 훨씬 사교적인 싸움이다.) 남쪽 섬을 둘러싸고 벌어지고 있다. 화학자들은 왕국의 이 영역에 위치한 원소들의 순서를 정확하게 알고 있다. 그리고 그들은 그 섬을 본토에 끼워 맞추기 위해 해안에 연결할 때 어느 위치에 오게 될지 알고 있다.

그러나 본토에서 왕국을 어느 정도 잘라 내고 그 대신 바다를 향해 얼마만큼 영토를 뻗어 나가야 할지에 대한 판단은 어떤 원소들이 서로 가까운 친척 관계를 맺을 수 있을 만큼 가까운지에 대한 판단에 의존한다. 따라서 섬의 양쪽 끝에 대해, 특히 섬의 동쪽 말단에 위치한 지역들 사이의 복잡한 관계를 둘러싸고 의견이 일치하지 않을 여지는 충분한 셈이다. 어떤 지도는 바다를 향해 조금 다른 땅을 돌출시키기도 한다. 우리가 작성한 왕국 지도에서(이 책의 주기율표를 참조하라.), 우리는 본토의 상당 부분을 바다로 이끌어 내 '남쪽 섬'으로 배치했다.

그렇다면 특정 지역들을 바다로 끌어내는 이유는 무엇인가? 그것은 지극히 실용적인 목적을 위해서이다. 왕국의 모든 지역을 포괄하는 지도는 한 쪽에 담기에는 지나치게 길고 가늘다. (실제로 이런 이유 때문에 왕국 전체의 경향이 논의의 초점일 때에는 전이 원소들이 포함되어 있는 서부 사막의 지협을 떼어 내고 지도를 그리기도 한다. 물론 우리는 이런 식의 과도하게 생략된 지도를 사용하지는 않는다. 그러나 여러분은 다른 책에서 이런 식으로 완전히 망가진 왕국의 모습을 발견하고 깜짝 놀랄 수도 있다.)

두 번째 화학적 논쟁은 북쪽으로 가장 먼 지역, 즉 수소의 북쪽 섬을 둘러싸고 벌어진다. 바다 한가운데에 섬이 따로 떨어져 있는 모습을 별로 좋아하지 않는 사람들에게는 그 섬을 본토에 배치할 위치가 항상 골칫거리이다. 이 문제를 둘러싸고 빅엔디언(Big-endian)과 리틀엔디언(Little-endian)을 주장하는 사람들 사이에 논쟁이 벌어졌다(빅엔디언은 큰 것을 먼저 배열하려는 것이고 리틀엔디언은 작은 것부터 배열하려는 주장이다. ─옮긴이).

빅엔디언을 주장하는 사람들은 섬을 해안에 연결시켜 새로운 북서부 곶을 만들자고 제안했다. 그 새로운 곶은 리튬과 베릴륨의 바로 북쪽, 헬륨의 북서부 곶에서 비스듬한 위치에 놓이게 된다. 이 주장은 그 원자들의 내부 구조가 상당히 가깝다는, 나름대로 합당한 화학적 근거들에 의해 뒷받침되고 있었다. 그렇지만 수소가 서부 사막 지대의 다른 원소들처럼 금속이 아니라 기체이기 때문에 조금 어색한 측면도 있다. 따라서 그 위치는 그다지 어울리지 않는 편이다.

리틀엔디언을 주장하는 사람들은 그 섬을 정반대 방향으로, 즉 할로겐족 원소들의 북쪽 본토 헬륨 바로 옆에 붙여서 북서부 곶을 두 배로 확장시키자고 주장했다. 그들은 수소가 기체이기 때문에 역시 기체인 할로겐족 원소들과 화학적·구조적으로 비슷하기 때문이라고 했다. 그렇지만 그들의 주장 역시 빅엔디언의 주장과 마찬가지로 그다지 설득력을 갖지 못했다. 내부 구조라는 근거의 측면에서(이 문제에 대해서는 곧 살펴보게 될 것이다.) 수소를 그곳에 연결하자는 주장은 설득력이 없었던 것이다. 일부 화학자들은 수소를 양쪽에 모두 나타내는 식의 일종의 타협책을 내놓기도 했다.

그러나 우리는 제3의 대안을 채택할 것이다. 그 방안은 이미 오래전에 이루어진 연구에 토대를 둔 것이다. 왕국이 시작되는 최외곽 지역인 북쪽 해안의 원소들은 남쪽의 이웃들과 여러 면에서 큰 차이를 나타낸다. 따라서 모든 원소들 중에서 최초의 원소인 수소는 상당한 정도로 나머지 육지와는 다르다고 생각하는 편이 합당할 것이다. 수소의 섬을 육지의 어느 곳에 연결시킨다 해도 결국 어울리지 않기 때문에 어색하기는 마찬가지일 것이다. 우리가 작성한 왕국 지도에서(그렇지만 다른 지도에서는 이런 모습을 발견할 수 없을 것이다.) 수소의 지역이 북쪽 해안과 연결되지 않고 떨어져 있는 이유는 그 때문이다.

이런 식의 논쟁은 족(族)의 명칭을 둘러싸고 벌어진다. 주기(표의 세로열)는 곧은 직선을 이루기 때문에 말썽이 빚어질 여지가 없다. 수소와 헬륨은 주기 1을 구성하고, 계속해서 주기 2, 3 등이 연속해서 이어져 나간다. 이 분류에서는 수소의 북쪽 섬도 본토의 일부로 간주된다. 본토에서 북쪽으로 길게 돌출한 지역은 주기 6의 일부이며, 남쪽의 가늘고 긴 지역은 주기 7에 해당한다. 현재 왕국의 영토를 넓히려는 개간 작업은 주기 7에서 동쪽으로 진척되고 있다.

그런데 족(가로줄)에 대한 번호 붙이기 작업에서 문제가 발생한다. 다음과 같은 주장은 그 주장을 펴는 사람 스스로가 혼동을 일으키고 있기 때문에 더욱 혼란스럽게 느껴진다. 멘델레예프와 그의 후계자들은 서쪽 직사각형 지역의 족들에 I과 II, 그리고 동쪽 직사각형 영역에는 III에서 VIII까지의 번호를 붙였다.

또한 그들은 지협에 해당하는 족들에도 I에서 VIII의 번호를 매겼다. 지협의 VIII족은 다른 원소들과는 달리 전이 원소라는 두드러진 특성을 가지며 각 열마다 세 개의 원소로 구성되어 있다. 일례로 고전적인 되베라이너의 3조 원소인 철, 코발트, 니켈은 모두 VIII족으로 기술된다. 그런데 이 원소들 바로 다음에 이어지는 구리는 지협의 I족으로 포함된다. 그러니까 멀리 떨어진 알칼리 금속과 같은 족에 속해야 한다는(그러나 이런 식으로 분류해야 할 신빙성 있는 화학적 근거는 어디에도 없다.) 기괴한 명명법인 셈이다.

비슷한 사례로 아연이 속해 있는 족은 서쪽 직사각형 영역의 마그네슘과 칼슘과 같은 II족이라는 명칭을 받게 되었다. 직사각형에 속하는 족과 지협의 족들을 분간하기 위해서 흔히 A와 B라는 문자가 사용된다. 따라서 알칼리 금속들은 IA족, 구리와 그 동료 원소들은 IB족, 마그네슘은 IIA족, 아연은 IIB족인 셈이다(그러나 실제로 아연은 마그네슘과 사돈의 팔촌 정도밖에 되지 않는다.).

그러나 여기에도 앞서의 '빅엔디언'과 '리틀엔디언'과 마찬가지로 왕당파(Cavalier)와 의회파(Roundhead)들이 팽팽한 대치 국면을 유지하고 있다. 방금 소개한 명명법을 사용하는 쪽이 왕당파들인 데 비해, 의회파들은 A와 B를 거꾸로 역전시켜서 사용했다. 따라서 의회파들의 사용법에 따르면 구리는 IA족에, 아연은 IIA족에 속한다. 그리고 의회파들은 되베라이너가 발견한 3조 원소들이 VIIIA족에, 그리고 영족 기체는 VIIIB족이라고 불러야 한다고 주장했다.

반면 왕당파들의 주장에 의거하면 3조 원소는 VIIIB족이고 영족 기체는 VIIIA에 해당했다. 심지어는 지금까지의 명명 관습을 깨뜨리고 희유 기체가 차지하는 열을 무반응성의 원소들이 위치하는 해안으로 끌어내려 0족(이렇게 표시한 이유는 0에 해당하는 로마 숫자가 없기 때문이다.)이라고 부르는 분파도 있었다.

따라서 원소들을 분류해서 이름을 붙이는 과정에 상당한 혼란의 여지가 따른다는 사실을 충분히 이해할 수 있을 것이다. 흔히 친숙함이 얼토당토않은 권리 침해를 낳으며, 그 때문에 변화의 기미가 엿보이기만 해도 완강한 저항을 보이는 경우가 왕왕 있기 때문이다. 국제적으로 야기되는 이런 식의 혼란을 일소하기 위해서, 왕국에 대한 인간 감독자들은 그들이 사용할 명명 규칙에 합의를 이끌어 내기 위한 일종의 국제 연합을 조직했다.* 이들은 상당히

---

* IUPAC(International Union of Pure and Applied Chemistry, 국제 순수 응용 화학 연합)이라는 이름의 이 위원회는 새로운 원소에 대한 명명 작업도 관장하고 있다.

그럴듯한 제안을 내놓았다.

그 제안은 지금까지 제각기 사용했던 이름과 과거의 체계를 모두 폐기하고 새로운 이름과 체계로 대체하자는 것이었다. 따라서 로마자인 I에서 VIII, 그리고 분파적인 0과 깊은 상처를 안고 있는 알파벳 문자 A와 B 대신, 오늘날 우리는 본토의 가로줄을 나타내는 데 간단하게 1에서 18까지의 아라비아 숫자를 사용한다. 서쪽의 출발점이 1이고 동쪽의 맨끝 지역이 18이다. 이 명명 체계에서는 남쪽 섬의 열들이 이름을 갖지 못한다. 그렇다고 해서 가슴 아프게 생각할 이유는 전혀 없다. 이 지역들이 화학적인 측면에서 거의 구별할 수 없기 때문에 굳이 서로 다른 이름표를 붙일 필요가 없기 때문이다. 이 왕국의 국제 연합에 따르면, 지협에 속하는 지역들은 새롭게 3에서 12까지의 고유 번호를 부여받게 된다.

우리의 지도는 가장 최근에 마련된 이 경향을 받아들이고 있다. 그렇지만 보수파들은 지금도 과거의 지도에 집착하고 있다. 그들은 이전의 지도가 왕국의 존재를 떠받치는 가장 중요한 근거인 화학의 리듬을 훨씬 직접적으로 담고 있다고 믿고 있다(이들의 생각에도 나름대로의 근거가 있다. 왕국의 제도에 대해 살펴보는 과정에서 그 근거가 밝혀지게 될 것이다.).

그렇지만 새로운 지도를 옹호하는 혁신파가 훨씬 더 넓은 지지 기반을 확보하고 있는 것 같다. 물론 아직도 이 문제를 둘러싼 전쟁이 끝나지 않았다. 여기저기에서 논문을 무기로 한 국지적인 접전이 계속되고 있으며, 여전히 서부 사막을 사이에 놓고 대포알이 오가고 있다. 최근의 전세는 개혁파가 궁극적인 승리를 거둘 것이 분명하지만, 이후 예의의 표시로 가끔씩 보수파의 지도를 사용해 주게 될 것이라는 징후가 역력하다.

그러면 이 대목에서 명명에 관해 마지막으로 중요한 이야기를 한 가지 해 두어야 할 것 같다. 우리는 앞에서 왕국의 동쪽과 서쪽 직사각형 영역에 대해 언급했다. 이 두 영역 사이를 지협이 다리처럼 연결하고 있고, 그 앞바다에는 남쪽 섬이 더 있다. 왕국의 이 지역들이 훨씬 더 공식적인 성격의 이름을 가지고 있다는 사실을 알게 되어도 놀라지는 않을 것이다. 마치 벽돌처럼 생긴 각각의 영역을 조금 딱딱하지만 '블록'이라고 부른다. 따라서 왕국 전체에는 모두 4개의 주요한 블록이 있는 셈이다.

이 블록들에는 각기 다른 이름이 붙여졌다. 우리가 이 왕국의 제도와 행정부에 대한 지식을 가지게 되기 전까지는 이런 명칭들이 난해하게 들릴 뿐 이해되지 않을 것이다. 그 명칭들은 우리가 앞으로 잠깐 살펴보게 될 전문적인 내용에 그 기원을 두고 있기 때문이다. 지금으로는 전혀 납득이 가지 않을 몇 가지 이유 때문에 서쪽의 직사각형 영역은 's블록', 동쪽의 직사각형 영역은 'p블록', 지협은 'd블록', 그리고 남쪽의 섬은 'f블록'이라고 불린다.

넓은 의미에서 이야기하자면, 왕국의 지도 작성 작업은 이 지역에서 진행되고 있다. 간단히 요약하면 이 지역들은 원자 번호 값의 증가에 따라 배열되었고, s, p, d, f라는 이름표가 붙은 4개의 블록을 구성하는 가로줄의 주기(1에서 7까지)와 세로열의 족(1에서 18까지)으로 이루어진다.

그러나 왕국의 구성에 깊이 들어가기 전에 이런 지도 작성 작업이 정적(靜的)인 과학이 아니라는 사실을 강조해 둘 필요가 있다. 좀 더 정교하게 왕국의 지도를 그리려는 시도, 특히 (마치 지구를 표현하듯이) 왕국을 3차원 지도로 표현하려는 노력이 여러 차례 이루어졌다. 그렇다면 원소의 왕국이 지구와 마찬가지로 구체일까? 지구에 대한 묘사와 마찬가지로 2차원 이상의 차원을 채택하였을 때 좀 더 분명하고 정확한 관계들이 나타날 수 있을까? 고차원 표현법이 우리가 사용한 방법보다 더 많은 성과를 거둘 수 있고, 좀 더 정확한 모습을 줄 수 있을 것인가?

그러면 그동안 어떤 제안들이 이루어졌는지 살펴보기 위해서 잠깐 지도 제작자들의 휴게실로 들어가 보기로 하자. 그 대부분은 왕국의 항행에는 거의 영향을 미치지 않는, 오래전에 잊혀진 박물관의 일부이다. 우리는 이미 샹쿠르투아가 왕국을 원통 위의 나선상으로 묘사했다는 사실을 알고 있다. 그 원통이 '텔루륨의 나사(telluric screw)'였는데, 그렇게 난해한 이름이 붙여진 이유는 텔루륨 지역(텔루륨이라는 명칭은 라틴 어로 지구를 뜻하기 때문에 적절한 이름이라고 할 수 있다.)이 중심에 배치되어 있기 때문이다.

이 나선과 그보다 뒤에 만들어진 훨씬 복잡한 나선은 프레첼(배배 꼬인 독일 과자—옮긴이)처럼 요각(凹角)의 나선들과 이중 나선을 포함하고 있다. 이 구조는 왕국에 불연속적인 단절이 존재한다는 생각을 말끔히 해소시켜 준다. 지구본에서 알래스카가 시베리아와 연결되듯이 왕국의 서쪽이 동쪽과 연속적으로 이어지기 때문이다.

그러나 원소의 왕국은 가상의 나라이기 때문에 실제 왕국을 정확하게 묘사하기 위해 굳이 지구를 본떠 비슷하게 생긴 입체를 만들 필요는 없다. 주기율의 왕국을 나타낸 가장 흥미로운 모형은 닭 모양을 한 풍향기(風向機) 모델그림 11이다.

7장 지도 제작자들   173

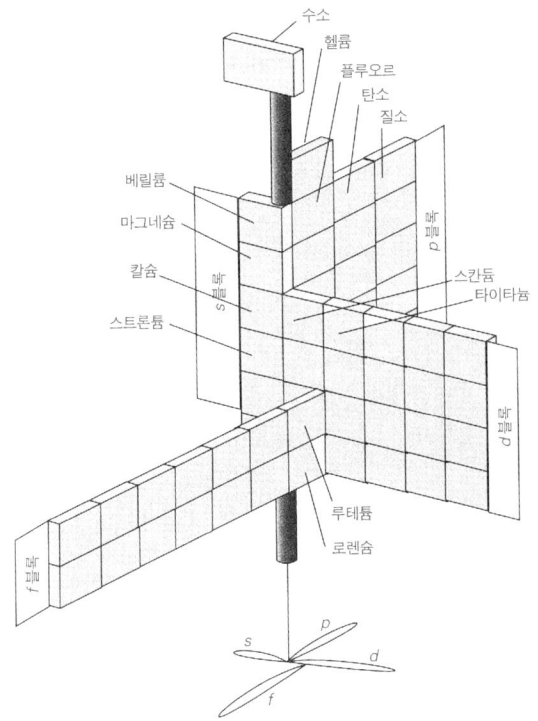

그림 11
왕국을 3차원으로 나타낸 여러 가지 변형 지도 중 하나. 네 개의 날개를 가진 이 지도를 제안한 사람은 화학자인 폴 지구어(Paul Giguére)였다. 그림에서 각각의 날개가 하나의 블록에 해당한다. 이 그림에서는 블록의 한 면만을 볼 수 있다. 필자는 여러분에게 이 입체 지도상에서 비어 있는 지역에 원소의 이름을 써 넣으라는 퀴즈를 내고 싶다. 일부 지역에는 이미 이름이 붙어 있다. 그 이름들을 기초로 빈칸으로 남겨 둔 지역의 원소를 알아낼 수 있을 것이다.

이 모델에서는 s 블록이 축이고(이 모델에서는 블록이 두 면을 가진다는 사실을 기억하라.), p 블록은(마찬가지로 두 면을 갖는다.) s 블록의 2족과 1족 사이에서 솟아나와 날개처럼 생긴 판을 형성한다. 그리고 역시 두 면을 가진 d 블록이 s 블록과 p 블록이 만나는 선(線)에서 시작해서 또 하나의 날개를 만들고, 두 면을 가진 f 블록이 d 블록에서 솟아나와 날개 위의 날개 위에 또 하나의 날개를 만든다. 이 모형은 왕국의 모든 지역들을 이런 식으로 다루고 있는 것이다. 만약 g 블록이 새롭게 발견된다면 또 하나의 날개를 쌓아 올리는 식으로 간단하게 덧붙일 수 있을 것이다.

이런 식의 모델에는 수많은 변형판들이 존재한다. 그러나 모두 우리의 전통적인 지구본에서 부딪히는 것과 똑같은 어려움을 겪고 있다. 그 문제란 이 모형들이 2차원 이상의 차원을 갖는다는 점이다.

물론 지금까지 발견된 것보다 훨씬 심오한 깊이를 갖는 왕국의 지도가 탄생할 수도 있다. 그리고 컴퓨터 그래픽의 놀라운 힘이 언젠가는 평면 지도로는 표현하기 어려운 왕국의 연관 관계를 더 알기 쉽게 보여 줄 수 있을 것이다. 그리고 전적으로 새로운 기술 방법이 고안될 수도 있고, 또는 여러 층으로 왕국을 묘사하는 방법도 등장할지 모른다. 그런 방법들은 현재의 상상력을 뛰어넘어 우리의 지식과 이해를 풍부하게 만들어 줄 것이다.

다음 장부터 우리는 다시 지구로 돌아갈 것이다. 그리고 남은 탐사에서는 우리에게 익숙한 지도, 되베라이너의 3조 원소, 뉴랜즈의 8도 음정, 오들링의 표, 마이어의 리듬, 그리고 멘델레예프의 총체적인 통찰력의 결과로 탄생한, 마음의 눈으로 볼 수 있는 이 지도를 사용할 것이다.

GOVERNMENT AND INSTITUTIONS

3부 원소의 왕국의 정부와 제도

8
안쪽의 법칙

<u>원자의 구조를 지배하고 그 특성을 결정하는</u> 법칙인 안쪽의 법칙들은 일종의 신념 중단을 요구한다. 아니, 그렇게 이야기하면 너무 거창하게 들릴지도 모르겠다. 왜냐하면 원소의 왕국을 지배하는 법칙들은 우리 자신의 삶을 지배하는 법칙들에 비해 훨씬 단순하기 때문이다. 심지어는 당구공, 행성, 또는 그 밖에 육안으로 볼 수 있는 물체들의 움직임을 결정하는 법칙들보다도 훨씬 간단하다고까지 할 수 있을 것이다.

오늘날 20세기 과학의 대명사처럼 된, 그래서 그 이름 자체가 과거와의 단절을 뜻하는 상징처럼 되어 버린 양자역학은 왕국의 구조를 이해하고, 그 리듬을 설명하고, 그 지역들이 특정한 병렬

관계를 유지하며 늘어서 있는 이유를 깨닫는 데 필수적이다. 실제로 양자역학은 왕국을 해석하는 가장 중심적인 원리이다. 따라서 가족과 친척 관계를 나타낸 경험적인 가계도를 더 유용하고 이해하기 쉬운 장치로 바꾸어 내려면 우선 양자역학에 대해 이야기하지 않을 수 없다.

양자역학이 빠질 수 없는 이유는, 지금부터 우리가 이야기하려는 원자가 현미경으로도 보이지 않는 극미한 크기이고, 원자는 양자역학이라는 언어를 통해서만 논할 수 있기 때문이다. 자연을 기술하는 양자역학이라는 방식에 따르면, 에너지는 고전 물리학에서 생각한 것처럼 연속적인 것이 아니라 양자라고 불리는 불연속적인 양으로만 다른 물체에 전달될 수 있다고 한다.

게다가 여기에서는 거시 세계(육안으로 볼 수 있는 일상적인 크기의 세계—옮긴이)에서 구별되는 입자와 파동의 경계는 사라져 버린다. 원자의 세계에 있어서 이 두 가지 개념은 융합되어 하나가 된다. 양자적 세계에서는 모든 실재가 입자와 파동의 성질을 함께 가지는 것으로 간주된다. 이런 식의 관찰에 의거하면, 어느 쪽으로 기술하든 모두 옳은 셈이다. 이 왕국은 이러한 불연속성과 입자/파동 양면성에 의해 지배된다. 그리고 이 나라의 제도와 통치를 이해하기 위해서는 불가사의하게 느껴지는 개념들을 받아들이지 않으면 안 된다.

　이미 우리는 이 왕국의 조약돌(한 원소의 원자)들이 거미줄로 지은 집처럼 실체를 가졌다기보다는 비어 있는 공간에 가깝다는 사실을 살펴보았다. 좀 더 자세히 이야기하자면, 그 조약돌은 질량을 갖지만 극히 미세한 크기의 중심핵과 그 주위를 둘러싸고 있는 거의 텅 비어 있는 공간으로 구성되어 있다. 완전히 비어 있지는 않은 그 공간은 자연의 가장 중요하고(화학적인 측면에서) 궁극적인 입자인 전자가 지배하는 공간이다. 따라서 원소를 구성하는 원자에 대해 우리가 얻은 최초의 조야한 상(像)은 전자구름에 둘러싸여 있는 원자핵이라는 극미한 알갱이다.

　원자가 존재한다는 사실이 실험적으로 처음 확인된 것은 19세기 초였다. 당시 맨체스터 고등학교 교사였던 존 돌턴(John Dalton)은 서로 결합되어 있는 물질의 질량을 세밀하게 분석했다. 그 무렵 돌턴은 원자가 존재한다는 아무런 직접적인 증거도 갖고 있지 못했다. 그러나 그는 독자적인 측정을 통해 화학 반응에 일부 불변적인 실재가 관여한다는 사실을 추론해 냈다.

　오늘날 우리는 원자의 존재에 대해 훨씬 더 직접적인 증거들을 가지고 있다. 그리고 우리가 사용하는 실험 장비(본질적으로 현미경을 정교하게 개량한 장치)들은 원자의 모습을 분명하게 보여 줄 수 있을 만큼 발전했다.

원자의 내부 구조는 19세기 말엽과 20세기 초에 잇달아 이루어진 실험들에 의해 확립되었다. 전자가 물질의 보편적인 구성 부분이라는 사실은 케임브리지 대학교의 J. J. 톰슨(J. J. Thomson)에 의해 입증되었다. 그는 오늘날의 텔레비전 음극선관의 선조 격에 해당되는 장치를 사용해서 특정 종류의 궁극적인 입자를 모든 원소에서 공통적으로 떼어 낼 수 있음을 보여 주었다. 이 궁극적인 입자에 전자라는 이름을 붙인 사람은 조지 스토니(George Stoney)였다. 이후 전자의 질량과 전자가 음전하를 띠고 있다는 사실 등이 차례로 발견되었다.

어떤 의미에서 보면, 왕국 전체에 전자가 마치 융단처럼 깔려 있다고 생각할 수 있다. 우리는 원소가 갖는 여러 가지 특성이 이들 전자가 배열되어 있는 방식에 따른 결과라는 사실을 알게 될 것이다. 어떤 원소(헬륨)에서는 2개의 전자가 집단을 이루고 있고, 다른 원소(마그네슘)에서는 12개의 전자가 함께 모여 있다.

이 발견을 누구보다 기뻐한 사람은 마이클 패러데이였을 것이다. 전기에 관한 한 가장 뛰어난 마술사였던 그는 전기가 몇 가지 측면에서 물질의 조성과 긴밀한 연관을 맺고 있다는 강한 확신을 가지고 있었기 때문이다. 결국 전기 분해를 통해 어떤 물질에 전류를 통과시키면 다른 형태로 바뀔 수 있다는 사실이 밝혀졌다. 톰슨의 연구를 통해 전자가 보편적인 존재이고, 물질이 전자를 통해 구성되며, 전류란 다름 아닌 전자의 흐름이라는 사실이 분명해졌다.

전자가 처음 발견되었을 때, 원자의 구조에 전자가 미치는 영향을 둘러싸고 두 가지 심각한 문제가 발생했다. 전자는 원자보다 수천 배나 가볍다는 사실이 알려져 있었기 때문에, 가장 가벼운 원소인 수소도 수백 개의 전자를 가지고 있을 것이라고 생각되었다. 오늘날 우리는 우주의 역사에서 구석기 시대에 해당하는 원소에 단 하나의 전자가 있다는 사실을 알고 있다.

두 번째 문제는 원자가 가지고 있는 양전하의 성격에 대한 것이다. 원자 전체가 전기적으로 중성을 띠기 위해서는 반드시 양전하가 필요하다. 톰슨이 믿었듯이, 마치 젤리와 같은 양전하의 덩어리가 존재하고 그 속에 수백 개(또는 수천 개)의 전자들이 묻혀 있는 것일까, 아니면 그보다 훨씬 체계적이고 복잡한 구조를 하고 있을까?

자연이란 극히 자연스럽다는 사실이 훨씬 복잡한 방식으로 발견되었다. 1910년에 맨체스터 대학교의 어니스트 러더퍼드(Ernest Rutherford)는 자신의 억누를 수 없이 솟구치는 실험적 재능을 왕국을 구성하는 조약돌의 구조를 해명하는 데 쏟아 부었다. 그의 지도를 받던 두 학생인 한스 가이거(Hans Geiger)와 에드워드 마스턴(Edward Marsden)은 금으로 된 얇은 박막에 알파 입자(무거운 원소들의 방사성 붕괴에 의해 생성되는 양전하를 띤 극히 작은 입자)를 충돌시켰다. 대부분의 입자들은 손쉽게 박막을 통과했지만, 일부 입자들은 원래의 경로에서 빗겨 나갔고, 몇 개의 입자들은 반대 방향으로 튕겨 나왔다.

블라망주(옥수수, 녹말, 우유 등으로 만든 젤리 같은 디저트 ― 옮긴이)를 역시 블라망주로 된 벽에 던지는 식으로 젤리 덩어리가 다른 젤리 덩어리를 통과하는 모습을 기대했던 러더퍼드는 후일 생각에 잠기며 이렇게 말했다. "그것은 평생 동안 가장 믿기 어려운 사건이었다." 그는 그 실험 결과가 "30센티미터짜리 포탄이 얇은 종이 한 장에 튕겨 나와 당신에게 명중하는 것처럼" 놀라웠다고 털어놓았다. 그 덩어리는 (만약 그것이 덩어리라면) 극도로 반사적인 성질을 가지고 있었다. 실험 결과에 대한 면밀한 조사 끝에 그는 원자가 부드러운 젤리와 같은 구형(球形)의 덩어리가 아니며, 양전하는 질량을 가진 중심의 작은 알갱이(핵)에 집중되어 있고, 핵을 제외한 거의 대부분의 공간은 비어 있다는 사실을 알아냈다. 그는 이 연구 결과를 1911년에 발표했다. 이렇게 해서 '핵 원자(nuclear atom)' 모델이 탄생했다.

이 모델에서 원자의 중심에는 질량을 가진 하나의 핵이 있다. 핵은 양전하를 띠며 원자가 갖는 거의 모든 질량은 이 핵의 질량이다. 그리고 핵 주위에 전자들로 이루어진 희박한 대기가 있다. 그곳에는 핵의 양전하를 상쇄시켜서 원자 전체를 전기적으로 중성으로 만들기 위해 필요한 숫자의 전자가 존재한다. 그의 모델에 따르면 왕국을 구성하는 모든 조약돌들은 바로 이 원자핵이라는 실재, 즉 거의 비어 있는 공간을 전기적으로 지배하는 알갱이라는 것이다.

러더퍼드는 금의 원자핵의 양전하를 측정하는 데 성공했고, 그 결과 원자핵이 수십 개의 양전하를 가진다는 사실을 알아냈다. 따라서 그는 금의 원자 안에 들어 있는 전자의 숫자가 수천 개가 아니라 기껏해야 수십 개에 불과하다고 결론지었다. 그 전자의 숫자는 러더퍼드의 학생이었던 헨리 모즐리(Henry Moseley)에 의해 여러 가지 방식으로 측정되었다. 모즐리는 저격병의 총탄에 맞아 갈리폴리의 차가운 흙 속에 묻히기 직전에 그 연구를 수행해 빛나는 업적을 이루었다. 모즐리는 원자들에 의해 방출되는 엑스선의 특성에 대한 연구를 통해, 원자핵이 갖고 있는 양전하의 숫자를 측정할 수 있었다. 이 방식으로 그는 가장 중요한 서수(序數), 즉 원소의 원자 번호를 결정하고, 그 원자 번호를 원자핵이 갖고 있는 양전하 단위의 숫자(전하수)로 간주했다.

이미 살펴보았듯이 수소의 원자 번호는 1이다. 따라서 수소의 원자핵은 1단위의 양전하를 가지며, 원자핵의 전하를 상쇄시키기 위해 그 주위를 하나의 전자가 회전한다. 탄소의 원자는 6이라는 원자 번호를 갖는다. 따라서 그 원자핵은 6단위의 양전하를 가지며, 역시 원자를 중성으로 만들기 위해 6개의 전자를 가진다. 왕국의 남쪽 해안을 구성하는 조약돌들은 100에 가까운 원자 번호를 갖는다. 따라서 그 원소들은 각기 100개에 가까운 전자를 거느리는 셈이다.

이 무렵 실험적인 방법으로 원자핵의 질량을 정확하게 측정할 수 있게 되었다. 결국 약 1세기가 지난 후에야 특정 원소의 모든 원자가 동일하다는 존 돌턴의 견해가 마지막 시험의 관문에 서게 된 셈이었다. 그러나 실험 결과 돌턴의 가정이 사실이 아님이 판명되어 많은 사람들을 놀라게 했다. 특정 원소의 원자의 질량은 그 값이 여러 가지일 수 있다는 사실이 밝혀졌기 때문이었다.

모든 원자들은 그 질량과 무관하게 동일한 원소에 속하기 때문에, 그런 원소들을 동위 원소(isotope)라고 부른다. 이 말은 '같은 장소'를 뜻하는 그리스 어에서 유래했다. 일부 원소들, 특히 가벼운 원소들은 하나 또는 기껏해야 두세 개의 동위 원소를 갖지만, 왕국 남쪽 지역의 무거운 원소들은 많게는 10여 개나 되는 동위 원소를 갖는 경우도 흔하다. 이미 앞에서도 암시했듯이, 원자의 질량은 왕국의 원소들의 궁극적인 성질이 아닌 것이다.

한 원소의 원자가 저마다 고유한 원자 번호를 갖는다는 사실이 밝혀졌다. 그러나 미세하지만 질량에 편차가 나타날 수 있다는 생각은 원자핵 자체가 내적인 구성을 가지고 있다(다시 말해서 원자핵이 다시 그보다 작은 실체로 구성되어 있다.)는 생각을 부채질했다. 그 결과 원자핵이 양성자라 불리는 양전하를 가진 소립자로 구성되어 있다는 모델이 등장하게 되었다.

양성자의 숫자는 그 원소의 원자 번호와 같다. 따라서 수소의 모든 동위 원소들은 하나의 양성자로 이루어진 원자핵을 가지며, 탄소의 모든 동위 원소들은 6개의 양성자로 구성된 원자핵을 갖는다. 그리고 우라늄의 원자핵은 모두 92개의 양성자를 가진다. 이 숫자는 변하지 않는다. 그 숫자를 바꾸면 다른 원소가 되는 것이다. 양성자의 숫자, 즉 원자 번호는 원자마다 고유하기 때문에 원소를 식별할 수 있는 근거가 된다. 그러나 각각의 원자핵들이 가지고 있는 중성자의 숫자는 다를 수 있다는 사실이 밝혀졌다. 중성자는 양성자와 마찬가지로 소립자이지만 전하를 갖지 않는다.

원자핵 속에 들어 있는 중성자의 숫자는 그 원소의 특성과는 무관하지만, 질량(원자량)에는 영향을 미친다. 표준형의 원자에서 원자핵 속의 중성자의 숫자는 양성자의 숫자와 같다(일반적으로는 양성자보다 그 숫자가 많다.). 그러나 중성자의 숫자는 몇 가지 방식으로 달라질 수 있다(동위 원소의 존재 때문에).

일례로 탄소는 대개 6개의 양성자와 6개의 중성자를 갖는다. 그러나 7개나 8개의 중성자를 가진 동위 원소도 알려져 있다. 중성자의 숫자에서 편차가 나타날 수 있는 범위는 왕국의 남쪽으로 갈수록 커진다. 그 지역으로 갈수록 양성자가 많은 원자핵이 결합하는 데 필요한 중성자의 비율이 높아지기 때문이다. 예를 들어 우라늄의 경우, 92개의 양성자에 150개의 중성자가 수반되지만 가장 흔한 숫자는 146개이다.

이제 우리는 넓은 관점에서는 원자량이 왕국의 주기성과 연관되지만, 때로는 그렇지 않은 이유를 알게 되었다. 먼저 우리는 한 원소의 여러 특성들이 원자핵 주위를 도는 전자들의 숫자와 그 배열에 의해 결정된다는 사실에 주목할 필요가 있다. 전자들은 쉽게 재배열이 가능하고 경우에 따라서는 그 원자에서 방출될 수도 있기 때문이다. 원자 전체의 전하가 0이기 때문에, 그 전자의 숫자는 원자핵 속의 양성자의 숫자와 정확히 일치해야 한다. 따라서 우리는 한 원소의 특성과 그 원자 번호 사이에 연관 관계가 있다고 추측할 수 있다.

그러나 원자핵 속의 중성자의 숫자는 양성자의 숫자에 따라 (경우에 따라서는 양성자 수의 증가보다 조금 앞서) 늘어난다. 전자의 숫자가 늘어 감에 따라——따라서 양성자와 중성자의 전체 숫자가 늘어감에 따라——원자의 질량도 바뀐다. 따라서 한 원소의 질량과 그 특성(전자의 숫자) 사이에 상호 연관성이 존재한다.

그런데 여기에서 한 가지 세부적인 사실을 지적해 두어야 할 것 같다. 특수한 예외를 제외하면, 우리가 사용하는 원자량이 원자 하나의 질량이 아니라는 점이다. 우리는 측정하려는 대상 원소(대개 여러 개의 동위 원소를 갖는)의 원자 질량을 하나씩 재는 것이 아니라 그 평균 질량을 측정하는 것이다. 이 평균 질량이 원자 번호의 증가에 맞추어 정확히 증가한다는 보증은 어디에도 없다. 따라서 우리는 질량을 기준으로 작성한 지형도에 약간의 결함이 있을 것이라고 예상할 수 있다.

그러므로 멘델레예프가 어쩔 수 없이 인정했듯이 원소가 나타내는 특성과 그 원자량 사이의 관계는 정확하지 않다. 그는 일부 수치가 부정확하게 결정되었을 것이라고 추측했다. 그러나 원자핵 모델 이후의 관점에 서면 우리는 이러한 일탈의 원인을 알 수 있고 그것을 설명할 수도 있다.

9
바깥쪽의 법칙

이제 우리는 원자핵의 바깥쪽, 즉 전자들이 차지하고 있는 훨씬 넓은 영역으로 눈을 돌려야 한다. 화학 작용이 일어나는 곳은 바로 이곳이다. 그리고 왕국을 구성하는 원소들 사이에서 차이점과 유사성이 나타나는 원인도 바로 이곳에 있다.

원자에 대해 생각할 때 많은 사람들의 머릿속에서 아직도 강력한 영향력을 발휘하는 시각적 상(像)은, 마치 태양처럼 중심부에 위치한 원자핵 주위를 작은 행성처럼 생긴 전자들이 회전하고 있는 모습이다. 그것은 일본인 물리학자 나가오카 한타로(長岡半太郞)가 1904년에 제시한 모습이다. 이런 상은 원자론 발전의 초기 단계에서 만들어졌지만 양자역학의 등장과 함께 전혀 새로운 개념이 제기되면서 자연스럽게 폐기되었다. 전자는 파동의 특성을 갖기 때문에, 물질의 움직임에 대한 이 새로운 기술(記述)은 전자가 정확한 궤도를 그릴 가능성을 완전히 부인했다.

우리가 지금부터 살펴보려는 모델은 1926년에 오스트리아의 물리학자 에어빈 슈뢰딩거(Erwin Schrödinger)에 의해 공식화된 것인데, 그 모델은 약간의 수정을 거친 것을 제외하면 오늘날에도 여전히 받아들여지고 있다.

1개의 양성자로 이루어진 원자핵 주위를 회전하는 1개의 전자로 구성된 수소 원자를 묘사하는 최근의 상에 따르면, 원자는 원자핵 주위를 둘러싸고 있는 구형의 구름 형태로 분포한다. 이 구름의 밀도는 전자가 발견될 가능성이 가장 높은 위치를 나타낸 것으로 해석될 수 있을 것이다. 이 구름의 밀도는 핵에서 최고에 이르고 원자핵에서 멀어질수록 낮아진다. 따라서 전자가 발견될 가능성이 가장 높은 지역은 원자핵 자체인 셈이다.

마치 구름과도 같은 전자의 분포를 원자 궤도(atomic orbital)라고 부른다. 여기에서의 궤도는 행성이 태양 주위를 공전하는 궤도(orbit)처럼 정확한 의미는 아니다(영어에서는 전자가 그리는 궤적을 orbital, 행성이 나타내는 궤적을 orbit로 구분해서 표현한다. 정확한 의미에서

orbital은 원자핵 주위에서 전자가 발견될 확률이 있는 공간을 뜻하기 때문에 행성의 궤도와는 전혀 다르다. 따라서 지금부터 사용하는 궤도라는 표현은 모두 orbital을 뜻하는 것이다.—옮긴이). 그러나 전자가 그리는 궤적이 부정확하다는 의미를 잘못 받아들여서는 안 된다. 어떤 지점의 전자구름의 밀도는 정확히 계산할 수 있기 때문에 전자가 그리는 궤도의 형태는 정확히 알 수 있다. 따라서 '부정확하다'는 표현은 전자의 위치라는 관점에서 그 궤도를 해석하는 데 적용되는 것이다.

우리는 전자가 특정 위치에서 실제로 발견되리라고 자신 있게 예측할 수 없다. 단지 우리는 전자가 그곳에서 발견될 확률만을 이야기할 수 있을 뿐이다(이 확률은 정확하게 계산할 수 있다.).

어떤 사람들은 이 정확도의 결여야말로 우리가 모든 물체에 대해 완전한 지식을 가질 수 없음을 보여 주는 증거라고 주장했다. 그러나 고전적인 상이 우리가 현재 얻을 수 있는 것보다 더 자세한 정보를 가질 수 있다는 식의 잘못된 생각을 불러일으켰다는 편이 보다 적절한 해석일 것이다. 나 자신의 개인적인 견해로는 양자역학이야말로 이 왕국에서 진정으로 알 수 있는 것을 보여 주는 것이며, 고전 역학들은 지나친 과대 광고로 우리가 알 수 있는 것을 잘못 해석했다고 생각한다.

수소는 왕국의 그 밖의 모든 원소들에 대한 모델이다. 그러나 우리가 논의를 계속 전개해 나가기 위해서는 몇 가지 항목의 정보를 더 알아 두어야 할 필요가 있다. 먼저 우리는 수소의 구형 궤도가 s 궤도라 불린다는 사실을 알아야 한다. 여기에서 s가 '구(spherical)'를 뜻한다고 생각하기 쉽지만 그것은 단지 우연의 일치일 뿐, 실제로는 분광학의 오랜 역사에 그 뿌리를 두고 있으며 '선명하다(sharp)'라는 말에서 유래한 것이다. 그것은 특정 스펙트럼 선이 또렷하다는 의미이다.

그런 다음 우리는 전자가 그리는 궤도가 매우 다양한 여러 형태를 가질 수 있음을 알아야 한다. 구형인 s 궤도에도 서로 다른 여러 가지 종류가 있다. 따라서 수소 원자에 충분한 에너지를 공급하면, 전자는 두 번째 유형의 s 궤도로 도약할 수 있다. 첫 번째 궤도를 $1s$ 궤도라고 부른다면, 두 번째 궤도는 자연히 $2s$ 궤도가 된다. 전자가 두 번째 $2s$ 분포 상태에 있을 때, 우리는 전자가 $2s$ 궤도를 '점한다(occupy)'라고 표현한다. 더 많은 에너지를 부여하면 전자는 $3s$ 궤도(하나의 안쪽 전자구름 껍질과, 같은 중심을 가진 두 개의 전자구름 껍질로 이루어진)로 옮아갈 수 있다. 그리고 에너지를 점차 높여 감에 따라 전자는 점점 더 높은 ns 궤도로 도약한다 그림 12.

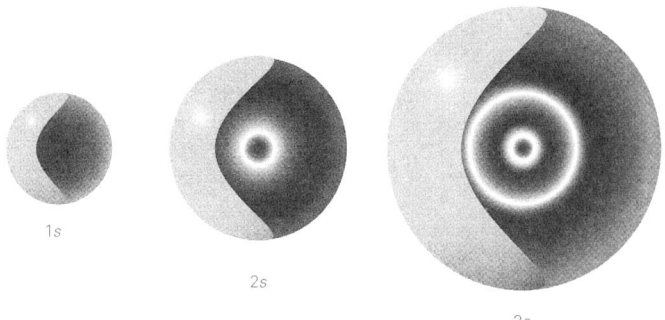

그림 12
$1s$, $2s$, $3s$ 궤도의 전자 분포. 이 궤도들이 모두 구대칭이라는 사실을 주목하라. 각각의 궤도에서 수소의 하나뿐인 전자는 핵, 즉 중심 구름의 한가운데에서 발견될 수도 있다. 그림에서 음영으로 표시된 밀도를 갖는 부분은 전자들이 원자핵을 통과하는 평면상에서 발견될 수 있는 위치를 나타낸다.

이제 우리는 왕국의 구조에 도달하기 위해 반드시 넘어야 하는 몇 가지 복잡한 문제 중 하나에 도달했다. 전자에 $2s$ 궤도를 점할 수 있는 에너지를 공급하면, 그 전자는 전혀 다른 유형의 구름(마치 2개의 잎을 가진 것처럼 보이는 p 궤도)을 형성할 수도 있다. 2개의 잎을 가진 궤도는 그 잎들이 가상의 x, y, z 축에 놓여 있는 모습에 따라 $2p_x$, $2p_y$, $2p_z$의 세 가지 종류가 있다.

일견 중요치 않은 것처럼 보일 수도 있지만(이 문제는 나중에 살펴볼 것이다.) p 궤도에는 왕국의 구조를 좌우할 수 있는 흥미로운 특징을 지니고 있다. 그것은 원자핵을 통과하고 이 궤도의 2개의 잎을 분리시키는 가상의 평면상에서는 전자가 절대 발견되지 않는다는 사실이다. 이 평면을 마디 평면(nodal plane)이라고 부른다. s 궤도에는 이런 마디 평면이 없기 때문에, 그 궤도에 포함되는 전자는 원자핵에서 발견될 수 있다 그림 13. 모든 p 궤도는 이런 유형의 마디 평면을 갖기 때문에 p 궤도를 점하는 전자는 원자핵에서 절대 발견될 수 없다. 앞으로 우리는 이런 작은 차이를 토대로 거대하고 강력한 왕국이 탄생할 수 있다는 사실을 살펴보게 될 것이다.

충분한 에너지가 수소 원자에 공급되면 그 전자는 $3s$ 궤도를 점할 수 있다. 그런데 이 정도 에너지를 가진 수소 전자는 세 가지 $3p$ 궤도 중 어느 궤도로도 ─ 이 $3p$ 궤도들은 본질적으로 방금 설명한 $2p$ 궤도가 부풀어 오른 것이다. ─ 들어갈 수 있으며, 또는 그보다 훨씬 복잡한 분포를 취할 수도 있다.

증가된 에너지에 의해 전자가 획득한 자유 덕분에 이제 전자는 구름처럼 생긴 다섯 가지 종류의 4개의 잎을 가진 구름처럼 생긴 분포(d 궤도라 불린다.) 중 하나를 채택할 수 있게 되었다. 왜 5개의

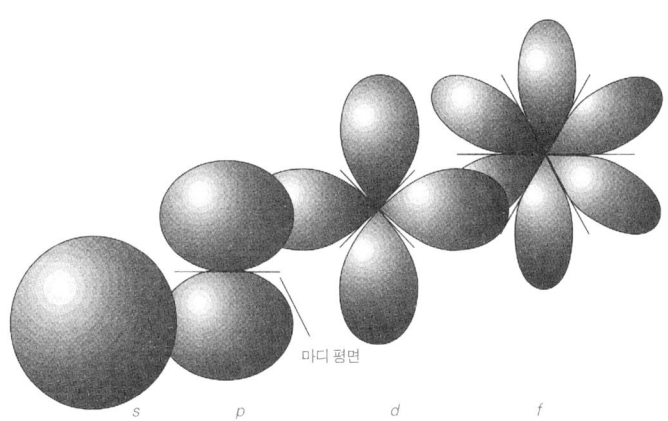

마디 평면

s   p   d   f

그림 13

s, p, d, f 궤도의 일반적인 형태. 실제로 한 에너지 등급에는 3개의 p 궤도, 5개의 d 궤도, 그리고 7개의 f 궤도들이 있지만, 이 그림에서는 종류별로 하나씩만 나타냈다. p 궤도가 갖고 있는 두 개의 잎은 원자핵을 통과하는 가상 평면의 양쪽에 해당한다. d 궤도에는 2개의 면, 그리고 f 궤도에는 3개의 면이 있다.

궤도가 존재하는지 그 이유를 그림을 통해 입증하기는 힘들지만, 분명 5개가 존재하는 것은 사실이다.

이제 수소 원자 속의 전자의 분포 확률 패턴은 분명해졌다. 원자의 바닥상태라 불리는 최저 에너지 상태에서 전자는 1s 궤도의 구형의 구름과 비슷한 분포 특성을 갖는다. 에너지가 좀 더 높아지면, 전자 분포는 그보다 큰 s 궤도나——즉 $2s$ 궤도로——3개의 $2p$ 궤도 중 하나로 부풀어 오른다. 에너지가 더 높아지면, 전자 분포는 $3s$ 궤도나 3개의 $3p$ 궤도 중 하나 또는 5개의 $3d$ 궤도 중 하나를 점하게 된다. 그리고 더 높은 에너지가 주어지면 전자는 $4s$ 궤도나 3개의 $4p$ 궤도 중 하나, 5개의 $4d$ 궤도 중 하나, 또는 f 궤도라 불리는 7개의 여섯 잎 궤도 중 하나를 채택하게 된다.● 전자 분포는 이런 식으로 계속된다. 이 자리에서는 그 이상에 대한 이야기는 생략하기로 하자.

우주 공간 속의 거의 모든 수소 원자들이 바닥상태로 발견되기 때문에 우리가 수소의 들뜬상태 속에서 그토록 오랫동안 살아왔다는 사실에 의아심을 품을 수 있을 것이다. 왕국의 구조가——왕국에는 무려 109개나 되는 원소들이 있고, 수소는 그중 하나일 뿐이다.——수소의 여러 가지 상태(그 속에서 수소 원자 자체도 거의 발견되지 않는)와 그토록 밀접한 관계를 갖는 이유는 도대체 무엇인가? 여기에서 지금까지 등장한 몇 가지 문자와 숫자에 대해 잠깐 살펴

● 이미 우리는 s가 오래된 분광학 용어로 '선명함(sharp)'을 뜻한다는 사실을 살펴보았다. 그리고 p, d, f 역시 분광학에서 각기 '중심(principal)', '확산(diffuse)', '미세함(fine)'의 첫 글자를 딴 것이다.

보는 것이 이해에 도움이 될 것이다.

우선 문자에 대해 살펴보기로 하자. 수소 원자 속의 전자가 이용할 수 있는 궤도들은 그 궤도가 갖고 있는 잎의 숫자에 따라 s, p, d, f라고 불린다. 그리고 이 문자들은 서쪽 직사각형 영역, 동쪽 직사각형 영역, 지협, 그리고 남쪽 섬에서 사용되는 공식 명칭이다. 이들 문자들이 단지 우연의 일치로 이런 식으로 사용되는 것은 아니다. 우리는 곧 수소라는 가상의 왕성한 나라(또는 최소한 좀처럼 관찰하기 힘든 나라)와 왕국 전체의 구조 사이에 어떤 연관성이 있는지 살펴보게 될 것이다.

그러면 이번에는 숫자를 살펴보자. 바닥상태의 전자가 이용할 수 있는 궤도는 단 하나이고, 첫 번째 에너지 상태에서는 네 가지 궤도를 이용할 수 있다. 이제 우리 눈앞에 한 가지 관계가 나타나는 것을 볼 수 있다. 주기 1에는 2개의 원소(수소와 헬륨)가 있고, 주기 2에는 8개의 원소(리튬에서 네온까지)가 있다. 이 숫자는 우리가 방금 언급한 궤도 숫자의 2배에 해당된다.

실제로 동쪽과 서쪽 직사각형 영역에만 국한한다면, 각 열에 모두 8개의 원소들이 있다. s 블록 열의 숫자가 특정 에너지 등급의 s 궤도 숫자의 꼭 2배가 되며, p 블록의 열의 숫자가 특정 에너지 등급의 p 궤도 숫자의 정확히 2배가 된다는 사실은 우연의 일치일까?

그러면 d 블록으로 눈을 돌려 보자. 지협의 주기(가로줄)에는 대개 10개의 원소들이 있다. 그 숫자는 특정 에너지 등급의 d 궤도의 숫자의 꼭 2배에 해당한다. 그런데 남쪽 섬인 f 블록에서는 무언가 재미있는 일이 일어나고 있는 것 같다. 그곳에는 한 줄에 14개가 아닌 15개의 원소들이 있다. 지금까지의 설명에 따르면 특정 에너지 등급의 f 궤도의 숫자는 7개일 것이라는 생각이 든다.

그러나 우리는 앞에서 이미 이 지역을 서로 차지하려는 싸움이 벌어지고 있으며, 섬과 본토의 영토 분할을 둘러싸고 논쟁이 그치지 않고 있다고 지적했다. 왕국 전체에 걸쳐 주기 6에 속하는 지역들은——논쟁의 대상이 되는 지역을 포함해서——모두 32개이다. 32는 모든 궤도의 숫자를 합친 $16(1+3+5+7=16)$의 2배에 해당한다. 따라서 그 분포에 대해 아직 논쟁이 그치지 않았다 하더라도, 전체적인 숫자는 이용 가능한 궤도 숫자와 밀접한 관계가 있다.

이제 우리는 왕국을 통치하는 정부의 실체를——최소한 그 행정 단위, 즉 블록들의 구성과 짜임새에 관한 한——추적하고 있는 셈이다. 그러나 들뜬상태의 수소 원자가 어떻게 왕국과 관계를 가질 수 있는가? 여기에서 우리는 모든 주장의 가닥들을 한꺼번에 잡아당겨 하나의 새로운 외부 법칙을 도입시키고, 마치 실타래처럼 얽혀 있는 상호 연관성의 실상을 밝히려 한다.

1913년에 덴마크의 물리학자 닐스 보어(Niels Bohr)에 의해 처음 주장된 구축(building-up) 원리라고 불리는 개념에 따라, 화학자들은 수소 원자의 궤도들에 전자를 하나씩 추가해 나가는 방법으로 왕국을 건설할 수 있다는 생각을 품었다. 예를 들어 2개의 전자를 갖는 헬륨은 첫 번째 전자를 수소와 같은 $1s$ 궤도에 넣고, 그 궤도에 두 번째 전자가 들어가게 하는 방법으로 만들어질 수 있다.

가령 수소 원자의 구조에 $1s^1$이라는 명칭을 붙인다면, 여기에서 s의 지수 '1'은 전자들이 점하고 있는 궤도의 숫자를 가리킨다. 이 방식에 따르면 헬륨은 $1s^2$라고 나타낼 수 있을 것이다. 그러나 전하수가 높은 헬륨의 원자핵이 주위의 전자구름을 좀 더 가깝게 끌어당기기 때문에, 두 원자의 $1s$ 궤도는 정확히 일치하지 않는다. 그렇지만 개략적인 모습은 같기 때문에 이 표기법은 타당성을 갖는다.

그러면 3개의 전자를 갖는 리튬의 경우를 살펴보자. 이 원소는 왕국의 행정 체제에 대해 두 가지 중요한 사실을 알려 줄 것이다. 첫째, 우리는 세 번째 전자가 1s 궤도의 두 전자와 합류할 수 없다는 사실을 알아야 한다.

그런데 이 왕국에는 근본적인 법칙이 있다. 노아의 방주에 들어간 동물들이 항상 두 마리씩 한 쌍을 이루듯이, 전자들은 한 궤도에 항상 둘씩(그 이상은 안 된다.)들어가야 한다는 것이다. 그것이 오스트리아 태생 물리학자 볼프강 파울리(Wolfgang Pauli)가 1924년에 발표한 배타 원리(exclusion principle), 즉 한 궤도에 2개 이상의 전자가 들어갈 수 없다는 원리이다. 이것은 양자역학의 가장 근본적인 원리이다. 그 원리는 시공의 구조를 떠받치고 있는 토대에까지 거슬러 올라갈 수 있으며, 가상의 왕국을 통치하는 모든 원리의 토대가 되는 가장 근본적인 원칙일 것이다. 따라서——이 왕국이 모두 상상의 산물은 아니기 때문에——실제 세계를 지배하는 원리에도 마찬가지로 적용된다. 그렇지만 이 원리를 명료하게 보여 줄 수 있는 그림은 없다. 그 원리는 하나의 공리(公理)로 많은 사람들에 의해 마치 돌 위에 새긴 석판(石板)처럼 전달되어 왔다.

배타 원리에 따르면, 리튬의 구조는 $1s^3$이 될 수 없다. 한 궤도 안에 3개의 원자가 들어갈 수 없기 때문이다. 따라서 세 번째 전자는 나머지 두 전자가 점하고 있는 것보다 높은 에너지를 가진 궤도에 들어가야 한다. 수소의 보다 높은 에너지 준위에 대한 우리의 짧은 관찰이 배타 원리가 추가된 전자들을 보다 높은 에너지의 궤도에 들어가게 만드는 것과 연관된다는 사실을 살펴보게 될 것이다.

그렇지만 세 번째 전자가 두 번째 에너지 등급에서 가능한 4개의 궤도들(2s 궤도와 3개의 2p 궤도들) 중 어느 궤도에 들어갈 것인가라는 물음이 제기된다. 수소의 경우, 4개의 궤도가 모두 동일한 에너지를 갖는다. 따라서 굳이 어느 한 궤도를 선택할 필요는 없을 것이다. 그러나 1개 이상의 전자를 갖는 원자의 경우에는 4개의 궤도가 모두 같은 에너지를 갖는 일은 없다.

왕국에 대한 설명이 마디 평면의 존재에 따라 달라지는 대목이 바로 여기이다. 이미 앞에서 설명했듯이 s 궤도상의 전자는 핵에서 발견될 수 있지만, 그 밖의 궤도에서는 불가능하다는 이야기를 상기하라. 그 점을 기억하면서, 리튬의 2s 궤도상의 전자의 분포 모습을 상상해 보자. 전자는 대개 안쪽의 구형 1s 궤도를 점하고 있는 2개의 전자 주위에 전자껍질의 형태로 분포되어 있다. 이들 2개의 안쪽 전자들은 효율적으로 원자핵이 가지고 있는 두 단위의 양전하를 상쇄시킬 수 있다. 그 결과, 가장 바깥쪽의 전자(그 전자를 2s 전자라고 부른다.)는 부분적으로 상쇄된, 또는 '차폐된' 양전하의 인력만을 받게 될 것이다.

그러나 2s 궤도는 내각에 위치한 원자핵을 포괄하는 궤도이다.그림 12. 핵을 포괄한다는 뜻은 그 궤도를 점하는 전자가 원자핵을 정면으로 통과해서 최대한의 인력을 받을 확률이 0이 아니라는 뜻이다. 따라서 2s 전자에 관한 한 원자핵은 부분적으로만 차폐될 뿐이다. 관통이 부분적으로 차폐를 극복한다.

그러면 이번에는 2p 전자(2p 궤도를 점하는 전자)에 대해 생각해 보자. 이 전자는 마디 평면 때문에 원자핵으로부터 멀리 벗어나며, 원자핵의 인력은 훨씬 복잡한 방식으로 차폐된다. 다시 말하면, 차폐와 통과의 상호 작용 때문에 2s 궤도는 2p 궤도에 비해 낮은 에너지를 갖는다(즉 그 궤도상의 전자는 좀 더 단단하게 붙잡혀 있는 것이다.). 따라서 리튬의 세 번째이자 마지막 전자는 2s 궤도에 들어가게 되며, 그 전체적인 구조는 $1s^2 2s^1$이 된다.

여기에서 왕국의 북서부 곶이 우리에게 주는 교훈을 다시 한 번 반복할 필요가 있을 것이다. 그 교훈은 우리에게 많은 것을 일깨워 주기 때문이다. 그 교훈을 받아들이면, 우리는 왕국의 나머지 부분의 구조를 구축 원리에 의해 금방(정말이지 눈 깜짝할 사이에) 해명할 수 있다.

첫째, 궤도의 점유는 파울리의 배타 원리, 즉 하나의 궤도에 2개 이상의 전자가 들어갈 수 없다는 원리에 지배된다. 둘째, 차폐와 통과의 은밀한 작용으로 $2s$ 궤도는 같은 등급의 p 궤도들에 비해 그 에너지는 낮아진다. 여기에서 조금 더 확장시키면 그 밖의 다른 궤도들도 이런 식으로 설명할 수 있다.

따라서 모든 ns와 np 궤도들은 nd 궤도들에 비해 낮은 에너지를 갖는다. 그리고 nd 궤도들은 nf 궤도들에 비하여 에너지가 낮다. s 궤도는 마디 평면을 포함하지 않으며, 따라서 이 궤도의 전자들은 원자핵에서 발견된다. p 궤도는 하나의 마디 평면을 갖기 때문에 그 전자는 원자핵에서 차단된다. d 궤도는 2개의 교차하는 마디 평면을 가지기 때문에 전자에 대한 차단 효과는 더 커진다. f 궤도는 3개의 평면을 가지며, 그에 상응해서 전자는 훨씬 큰 힘으로 원자핵에서 배제된다.

이제 우리는 왕국 전체를 충분히 이해할 수 있을 만큼 많은 장비들을 갖추게 된 셈이다. 이미 우리는 하나의 $2s$ 전자가 2개의 $1s$ 전자로 이루어진 안쪽의 전자구름 주위를 에워싸고 있는 리튬의 구조에 대해 살펴보았다. 헬륨과 비슷한 안쪽 껍질 구조를 [Helium] 또는 더 간단하게 [He]이라고 나타내고, 리튬의 전자 구조를 [He]2s¹이라고 표시하기로 하자. 이것은 그 구조가 영족 기체와 비슷한 안쪽 껍질 주위를 단 하나의 전자가 감싸고 있다는 의미를 강조하는 것이다.

베릴륨(4개의 전자를 갖는다.)의 구성에서 네 번째 전자는 2s 궤도를 점하는 하나의 전자에 쉽게 합류할 수 있다. 따라서 이 원자의 바닥상태는——에너지 최저의 상태로, 원자는 대개 이 상태에 있다.——[He]2s²일 것으로 예상된다. 이제 2s 궤도는 모두 찬 셈이다.

그리고 우리는 서쪽 직사각형 영역의 동쪽 가장자리에 와 있다. 5개의 전자를 가진 붕소를 완성시키기 위해서, 다음 전자가 옆에서 대기 중인 그보다 조금 높은 에너지 상태의 3개의 2p 전자들 중 하나로 들어가게 될 것이다. 따라서 붕소의 바닥상태는 [He]2s²2p¹으로 나타낼 수 있다.

여기에서 두 가지 점을 지적해야 할 것이다. 하나는 그 전자가 3개의 2p 궤도들 중 어느 궤도를 점하든 그것은 별반 중요치 않다는 것이다. 3개의 궤도는 모두 동일한 에너지를 갖고 있으며 단지 그 잎들이 공간상에서 각기 다른 방향을 향한다는 차이밖에 없다.

또 하나 훨씬 중요한 사실은, 전자가 p 궤도를 점하기 시작하면서 우리는 동쪽 직사각형 영역의 서쪽 가장자리에 와 있다는 사실을 깨닫는다는 점이다. 그곳은 p 블록이 시작되는 지점이다! 이제야 비로소 그 지역들이 갖고 있는 이름의 기원이 보다 명료하게 이해될 수 있다. 그 이름들은 연속적으로 부가되는 전자들에 의해 채워지고 있는 궤도의 명칭과 같은 것이다.

동쪽 직사각형 영역에는 모두 6개의 열이 있다. 거기에는 3개의 $2p$ 궤도들이 있으며, 각각의 궤도는 2개의 전자를 수용할 수 있다. 붕소에서 시작해서 탄소, 질소, 산소, 플루오르를 향해 계속 동쪽으로 발길을 옮겨가면서 우리는 또 하나의 전자를 3개의 $2p$ 궤도들에 떨어뜨릴 수 있다. 그러면 어느새 우리는 네온 지역에 다다르게 된다. 여기에서 여섯 번째 p 전자를 부가시킨다. 그러면 네온 원자의 바닥상태 구조는 $[\text{He}]2s^22p^6$가 된다. 이제 $2p$ 궤도들도 모두 만원이 되었다. 그리고 우리는 동쪽 직사각형 영역의 동쪽 가장자리에 서 있다. 이후 설명을 좀 더 간단하게 하기 위해서, 이 네온과 흡사한 전자들의 배열을 $[\text{Ne}]$라고 표시하기로 하자.

여러분의 여행 안내원이 우리들의 주제와 연관된 두 가지 구경거리를 보여 주려면 여기에서 잠깐 여행을 중단할 필요가 있다. 하나는 족, 즉 주기율표의 세로열의 번호 붙이기와 연관된 문제이다. 우리는 7장에서 얼마 전까지 동쪽과 서쪽의 직사각형 영역의 족에 I에서 VIII까지의 로마 숫자를 번호로 붙였다고 이야기했다. 이제 이 숫자들이 가장 바깥쪽 궤도에 있는 전자들의 숫자를 모두 합한 값과 정확히 일치한다는 사실을 깨달을 수 있다.

따라서 리튬(I족)은 내각 바깥쪽에 1개의 전자를 가지고, 베릴륨(II족)은 2개, 붕소(III족)는 모두 3개(2개의 s 전자와 하나의 p 전자)를 가진다. 이런 관계는 왕국의 극동 지역까지 계속되어서 네온(VIII족)은 최외각 궤도에 모두 8개의 전자를 갖는다. 따라서 과거에 I에서 VIII까지의 숫자를 족에 붙여 그 명칭으로 삼은 가장 중요한 근거는 원자의 바깥쪽 궤도의 전자의 총수인 것이다.

두 번째로 주기(주기율표의 가로줄)에 붙인 번호에 관해서도 설명해야 할 것이다. 이미 앞에서 살펴보았듯이, 주기는 북쪽의 1에서 시작해서 남쪽으로 갈수록 번호가 증가한다. 주기에 붙는 번호는 원자의 가장 바깥쪽 영역에 속하는 궤도들의 등급을 나타내는 숫자이다. 따라서 주기 1(수소와 헬륨)에서는 $1s$ 궤도들이, 그리고 이미 살펴보았듯이 주기 2에서는 $2s$와 $2p$ 궤도들이 가장 바깥쪽에 있다. 주기의 열이 계속되면서 $3s$, $4s$ 등으로 이어질 것임을 쉽게 예측할 수 있다. 따라서 주기의 숫자들은 동심원과 비슷한 원자의 구조가 갖고 있는 등급의 숫자와 일치한다.

그러면 다시 여행을 계속하자. 11번째 원소는 나트륨이다. 나트륨은 네온보다 하나 많은 11개의 전자를 가진다. 그렇지만 네온의 $2s$, $3s$ 궤도들은 모두 차 있다. 따라서 추가되는 전자는 그 궤도에 합류할 수 없다. 실제로 이 등급의 궤도에는 전자가 들어갈 수 있는 여지가 없기 때문에, 배타 원리에 의해 추가되는 전자는 그보다 높은 에너지 등급의 궤도에 들어갈 수밖에 없다. 따라서 그 전자는 다음 궤도를 점하게 된다(통과와 차폐의 결과로). 그러므로 나트륨 원자의 바닥상태 구조는 [Ne]$3s^1$으로 예상할 수 있다.

이 대목에서 여러분의 여행 안내인은 다시 한번 버스를 멈추자고 주장한다. 갑자기 왕국의 매우 특수한 특성이 시야에 들어왔기 때문이다. 전자 하나가 추가되면, 우리가 여행의 앞머리에서 지나쳤던 리튬 지역의 원자와 똑같은 구조를 얻을 수 있다. 리튬은 [He]$2s^1$의 구조를 갖는다. 다시 말해서 영족 기체와 유사한 내각을 갖는다. 나트륨은 영족 기체와 유사한 내각의 바깥쪽에 하나의 s 전자를 갖기 때문에 그 구조는 [Ne]$3s^1$으로 표시할 수 있다.

이제 우리는 주기성(periodicity)의 본질을 파악할 수 있다. 주기성이란 왕국을 구성하는 원자들의 비슷한 전자 구조들이 주기적으로 반복되는 성질인 것이다. 이제야 우리는 나트륨이 리튬과 같은 족에 위치하는 이유를 이해할 수 있다. 그것은 두 원소의 전자 구조가 비슷하기 때문이다.

우리는 왕국 전체를 떠받치는 특성, 즉 특성들이 주기적으로 나타나는 성질이 그보다 깊은 리듬의 드러남, 다시 말해서 전자 구조의 주기성의 표현임을 이해할 수 있다. 우리가 탄 버스가 이해라는 아찔할 만큼 높은 산등성이를 따라 달릴 수 있기 때문에, 우리는 산 아래쪽의 빼어난 풍경을 내려다보듯이 이런 개념들의 진실이 시원한 전망(vista)으로 한눈에 펼쳐지는 것을 볼 수 있다.

우리를 실은 버스는 원자 번호 12번, 즉 마그네슘의 지역으로 이동한다. 마그네슘의 바닥상태 구조는 [Ne]$3s^2$이다. 그리고 북쪽 이웃인 베릴륨([He]$2s^2$)과 흡사할 것으로 예상된다. 필요한 추가 전자는 $3p$ 궤도를 수반한다. $3s$ 궤도는 이미 마감되었기 때문이다. 따라서 우리는 동쪽 직사각형 영역의 서쪽 가장자리에서 알루미늄이 나타날 것이라고 쉽게 예상할 수 있다. 붕소([He]$2s^2 2p^1$)의 바로 남쪽에 위치한 알루미늄의 구조는 [Ne]$3s^2 3p^1$이라고 나타낼 수 있다. 바로 여기이다! 이 패턴은 동쪽 직사각형 영역에까지 계속된다. 그리고 아르곤([Ne]$3s^2 3p^6$)에서 세 번째 등급의 s와 p 궤도들은 만원이 되고, 우리는 다시 한번 영족 기체들이 거주하는 해안의 평원에 다다르게 된다.

왕국에서 방금 우리가 살펴본 곳처럼 경이로운 지역은 찾아보기 힘들 것이다. 왕국은 경험적인 경향들, 즉 유연관계의 끈을 더듬고 지역들 사이의 유사성을 찾는 방법으로 건립되었다. 지금까지 극히 일부 측면밖에 살펴보지 못했지만, 원소의 왕국은 수많은 화학적 특성의 결합을 토대로 이루어져 있다.

우리는 놀랄 만큼 빈약한 개념들(원자 궤도, 배타 원리, 그리고 통과와 차폐 등)을 토대로 왕국이 갖는 합리성에 도달했다. 되베라이너, 뉴랜즈, 오들링, 마이어, 그리고 멘델레예프 등의 학자들의 연구와 관찰에 의해 채워진 형편없이 작은 개념 보따리의 크기를 감안한다면, 여기까지 헤쳐 온 것만도 대단한 일이다.

이제 여러분의 안내자는 조망(이 표현은 조금 전에 사용했던 전망보다는 한 급 아래라는 뜻이다.)을 이루는 더 작은 특성들을 지적해야 할 것이다. 우선 다음과 같은 용어들을 알아 둘 필요가 있다. 지금까지 궤도들의 등급이라고 불러온 것은 화학 용어로 껍질(shell)이다. 따라서 $1s$ 궤도(이 등급의 유일한 궤도)는 원자의 제1껍질을 구성하며, 두 번째 등급에 해당하는 $2s$와 $2p$ 궤도들이 제2껍질을 이룬다. 이런 식으로 $3s$, $3p$, 그리고 $3d$ 궤도들은 함께 제3껍질을 형성한다.

이 껍질들을 쉽게 이해하려면 양파 껍질을 연상하면 된다. 첫 번째 껍질을 두 번째 껍질이 싸고 있고, 세 번째 껍질이 두 번째 껍질을 둘러싸고······. 이런 식으로 껍질들이 계속된다.

하나의 껍질 속에 들어 있는 같은 유형(잎의 숫자가 같다는 뜻이다.)의 궤도들을 한데 묶어 그 껍질의 부껍질(subshell)이라고 부른다. 따라서 $2s$ 궤도는 원자의 제2껍질의 하나의 부껍질을 이루며, 3개의 $2p$ 궤도들은 같은 제2껍질의 또 다른 부껍질을 형성하는 셈이다. 부껍질에 수용 가능한 전자들이 모두 채워졌을 때(하나의 s 부껍질에는 2개의 전자, p 부껍질에는 6개, d 부껍질에는 10개, f 부껍질에는 모두 14개가 들어갈 수 있다.), 우리는 그 부껍질이 '채워졌다(complete)'라고 한다. 그리고 어떤 껍질의 s, p 부껍질들이 모두 채워졌을 때 껍질 전체가 채워졌다고 한다. 그런데 일반적으로 d, f 부껍질들은 그보다 숫자가 많은 사촌들인 s, p 부껍질들에 비해 조금 다르게 취급된다. 껍질이 채워지기 위해서 반드시 d, f 부껍질에 전자가 모두 들어찰 필요가 없기 때문이다.

마지막으로 원자의 가장 바깥쪽 껍질, 즉 원자를 구성하는 마지막 전자들의 궤도를 포함하는 껍질은 '원자가 껍질(valence shell)'이라고 부른다. 그리고 그 안쪽의 전자들이 모두 안쪽 껍질을 구성한다. '원자가(原子價)'라는 용어는 원자들의 결합에 대한 논의에서 다시 등장하게 될 것이다. 그 용어가 전자의 가장 바깥쪽 궤도의 명칭으로 사용된 것은 그 궤도의 전자들이 화학 결합을 지배하기 때문이다.

이제 우리는 여러 가지 용어를 알게 되었기 때문에 한쪽 직사각형 영역에서 출발해 지협을 가로질러 다른 쪽 직사각형 영역으로 훨씬 자신 있게 여행을 떠날 수 있게 되었다. 우리의 여행은 주기 3의 끝자락에 위치한 영족 기체 아르곤에서 다시 시작된다. 그곳은 제3껍질이 채워지는 지역이다. 우리는 이 전자 배열을 [Ar]이라고 표시한다.

원자핵 속에 또 하나의 양성자, 그리고 그 바깥쪽에 전자가 하나 더 들어 있기 때문에 우리는 다시 왕국의 극서 지역, 즉 칼륨 지역[Ar]$4s^1$으로 돌아가게 된다. 이 지역의 구조는 이 서쪽 가장자리 영역에서 좀 더 북쪽에 위치한 다른 원소들의 구조와 같은 계열에 속한다. 칼륨 옆에는 칼슘[Ar]$4s^2$이 있다. 칼슘은 베릴륨과 마그네슘의 남쪽 사촌이다. 그러나 여기에서 왕국의 리듬에 변화가 일어난다.

마침내 $3d$ 궤도들이 전자를 맞이할 채비를 차리고 한 줄로 늘어서게 되고, 우리가 탄 버스는 동쪽 직사각형 영역으로 건너뛰지 않고 지협의 서쪽 연결부로 들어선다. 이제 전자들은 5개의 $3d$ 궤도들에 여장을 풀기 시작하고, 우리는 스칸듐〔Ar〕$4s^2 3d^1$에서 출발해서 타이타늄〔Ar〕$4s^2 3d^2$으로, 그리고 계속해서 아연(〔Ar〕$4s^2 3d^{10}$)의 지역을 통과한다. 지협의 동쪽 가장자리에 해당하는 아연의 지역에서 $3d$ 부껍질이 완전히 채워지고, 그 이상의 전자들은 $4d$ 궤도를 찾아가야 한다. 그 궤도들은 바로 옆에서 전자들을 기다리고 있다. 이제 우리는 동쪽 직사각형(p 블록)에 들어서 있다. 다시 이 직사각형 영역의 친숙한 지역들을 지나노라면 어느새 크립톤에 다다른다. 우리는 첫 번째의 긴 주기, 즉 지협의 제1주기가 극히 자연스럽게 나타난다는 사실을 주목해야 한다. 그것은 새로운 현상을 설명하기 위해서 다른 원리를 필요로 하지 않는다는 과학의 놀라운 힘을 나타내는 상징이다.

왕국의 남쪽 절반을 지배하는 리듬은 이제 분명해졌다. 그리고 다음 열인 주기 5 역시 우리가 방금 설명했던 구조를 반복해 나간다. 주기 5에서는 $4d$ 궤도들이 전자를 맞을 채비를 마치고 있다. 왕국의 저 아래쪽에서는 배타 원리와 마디 평면이 부르는 노래 곡조에 맞춰 전자들이 흥겹게 춤을 추고 있다.

▬

그러나 주기 6에 오면 또 다른 리듬이 우리 귀를 두드린다. 여기에서는 6개의 잎을 가진 f 궤도들이 전자를 기다리고 있다. 그리고 남쪽 섬이 바다 위로 솟아 있다. 섬의 다소 모호한 북쪽 가장자리는 14개의 전자로 채워진다. f 부껍질이 모두 채워지면 지협이 시작된다. 지협은 시작되자마자 곧 끝나고 만다. 그리고 우리는 매우 위험스러운 동쪽 직사각형 영역의 남쪽 지역에 발을 딛게 되는데, 이 주기는 라돈에서 끝난다. 이어서 지협이 시작되기 전에 남쪽 섬의 다른 열, 다른 주기, 그리고 다른 길쭉한 땅이 나타난다.

그렇지만 지협은 끝나지 않는다. 지협의 동쪽은 아직도 바닷속에 잠겨 있기 때문이다. 우리의 여행은 여기에서 끝난다. 지금까지의 여행으로 왕국은 그 합리성을 인정받게 되었고, 경험적인 지도 제작자들이 옳았음이 입증되었다.

10
지역 행정

지금까지 우리는 왕국을 탐사하면서 여러 지역들의 특성이 북쪽에서 남쪽으로, 그리고 동쪽에서 서쪽을 향해 일정한 경향성을 나타낸다는 사실을 살펴보았다. 여러 가지 특성을 기준으로 작성한 지형도는 북서쪽 곶에서 멀리 남동쪽을 향해, 또는 그 밖의 다른 방향으로 경사져 있다. 때로는 산맥이나 계곡이 발견되기도 하지만, 그런 풍경들조차 임의적이라는 느낌을 주지는 않는다. 여러 지역의 다양성은 거의 체계적으로 조직되어 있는 것처럼 보일 지경이다. 값비싼 서부 사막 지대의 금속들, 동쪽 직사각형 영역의 비금속들, 그리고 반응성이 강한 극서의 알칼리 금속들의 높은 산맥과 극동의 할로겐족 원소들에 이르기까지 우리는 분명한 경향성과 체계성을 찾아볼 수 있다. 이 왕국은 합리성이 지배하는 나라이다. 우리는 그 왕국이 원자들의 전자 구조가 갖는 주기성의 표현이라는 사실을 이미 알고 있기 때문에 이제 이 왕국에서 집행되는 행정 정책의 지역적 다양성을 이해할 수 있다. 다시 말해서 원소들의 성격이 지역에 따라 어떻게 달라지는지 살펴볼 수 있는 것이다.

제일 먼저 우리는 원자의 질량이 왕국 전체에 걸쳐 거의 체계적으로 변화한다는 사실을 살펴보았다 그림 3. 우리는 이미 이 차이를 원자핵 속에 들어 있는 양성자와 중성자의 수를 가지고 설명했다. 원자 번호는 1번 수소에서 시작해서 남쪽 해안의 109번에 이르기까지 계속 증가한다. 거의 완벽해 보이는 지형도에서 가끔씩 요철(凹凸)이 나타나는 이유는 (고유한 질량을 갖지 않고 여러 동위 원소를 포함하는 원자의 경우) 그 원자의 무게가 샘플의 평균 질량을 통해 계산되기 때문이다.

그리고 우리는 원자의 지름을 기초로 작도한 지형도에서 풍경이 서쪽에서 동쪽을 향해 비탈져 내려가고 반대로 북쪽에서 남쪽으로 점차 상승한다는——남쪽 해안의 내륙 지역에서는 상승세가 두드러지게 완화되지만——사실을 살펴보았다 그림 4. 왕국의 지형이 북쪽에서 남쪽을 향해 대체적으로 상승하는 것은 왕국의 주기(가로줄)가 원자의 새로운 전자껍질 형성 과정과 상응한다고 볼 수 있다.

예를 들어 리튬은 헬륨과 유사한 안쪽 껍질 주위에 거의 텅 비어 있는 껍질을 형성하고 있는 하나의 전자를 갖는다. 남쪽의 이웃 원소인 나트륨 역시 비슷한 껍질을 갖지만 그 안쪽 껍질은 네온에 더 가깝다(네온은 헬륨과 다른 껍질을 갖는다.). 이 족에 해당하는 원소들은 모두 마찬가지이다. 주기의 번호가 커지면서 늘어나는 원자의 전자껍질은 양파 껍질이 계속되는 것과 마찬가지이다. 그리고 그에 따라 원자의 크기는 부풀어 오른다.

각 주기의 가로줄을 따라 서쪽에서 동쪽으로 이동해 가면서 원자의 크기가 줄어드는 현상은 쉽게 설명하기 힘들다. 처음 이 사실을 접한 사람은 원자 번호가 늘어나면서 오히려 원자의 크기가 작아진다는 사실이 조금 이상하게 느껴질 것이다. 그러나 우리는 원자에서 원자핵이 차지하는 막강한 지위를 잊지 말아야 한다. 같은 주기에서 동쪽으로 이동할수록 원자핵의 양전하는 증가하며, 증가하는 양전하가 주위의 전자를 좀 더 강하게 끌어당기기 때문에 전자들은 안쪽으로 몰리게 된다. 이러한 수축 현상은 전자들 사이에 작용하는 반발력으로 완화되지만, 그 수축력은 원자 번호가 늘어날수록 증가한다. 이 현상은 전반적으로 (즉 거의 모든 지역에서) 원자가 팽창하는 경향을 막기 때문에, 원자의 지름을 기초로 작성한 지형도는 동쪽으로 이동할수록 낮아진다. 그러나 여기저기에서 전체적인 경향에 거역해서 상승이 일어난다. 이런 반발은 지협의 동쪽 끝 지역과 그 밖의 한두 지역에서 찾아볼 수 있다. 이곳에서는 팽창력과 수축력의 줄다리기에서 최종적으로 팽창력이 승리를 거둔다. 그것은 전자와 전자 사이에 작용하는 반발력이 증가하기 때문이다.

여기에는 그냥 지나칠 수 없는 중요한 철학적 측면이 있다. 우리는 원자의 지름을 기초로 작성한 지형도에서 나타나는 경사(때로는 완만한 상승도 나타난다.)가 미묘하게 균형을 이루고 있는 힘들 사이에서 벌어지는 경쟁의 산물임을 알고 있다. 원자핵의 인력은 이 지형도의 풍경에서 극히 제한된 영역에만 영향을 미친다. 그 인력이 조금 더 약했다면, 왕국은 다른 식으로 기울어졌을 것이다.

왕국의 풍경이 거의 비슷한 힘 사이의 미묘한 균형으로 결정된다는 점은 왕국의 풍경에 영향을 미치는 중요한 특성이다. 그리고 이것은 거의 일반적인 화학적 특성의 기초이기도 하다. 화학이 어려운 학문처럼 생각되는 이유는 바로 그 때문이다. 어떤 특정 효과가 주된 영향력을 발휘할 것인지, 아닌지를 판단하기 힘들기 때문에 관찰을 토대로 어떤 결과를 예견하기도 힘들다. 이 왕국은 거의 비슷한 세력을 갖고 있는 정당들로 구성된 의회 민주주의와 흡사하다. 때로는 좌파가 세력을 잡고, 때로는 우파가 정권을 장악한다.

그런데 여전히 우리에게는 지름을 기준으로 작성한 지형도의 평원 지대에서 나타나는 특이한 고저(高低)를 설명해야 하는 과제가 남아 있다. 남쪽 섬을 본토에 연결시켜서 또 하나의 좁다란 2차 지협을 만들 경우에도 마찬가지 현상이 나타난다는 사실에 주목해야 한다.

f블록의 원소들, 따라서 f전자들이 따로 섬을 이루고 있는 가장 큰 이유는 바로 그 평원의 높이이다. 그곳에서는, 최소한 부분적으로, 이 (가상의) 2차 지협을 서쪽에서 동쪽으로 이동해 가면서 원자핵의 양전하가 차츰 증가하며 그에 따라 원자들이 계속 수축할 것이라는 설명을 적용시킬 수 있다. 게다가 f전자들은 가늘고 긴 모양으로 분포하기 때문에 핵의 점증하는 양전하의 영향력으로부터 전자들을 차폐시키지 못한다. 따라서 우리는 원자핵의 인력이 지배적인 영향을 발휘하기 때문에 f블록에 속하는 원자들이

실질적으로 수축할 것이라고 추측할 수 있다.

지협(d블록)이 시작되면 원자들의 크기는 예상보다 훨씬 작아진다. 실제로 원자 번호, 전자의 숫자와 질량은 상대적으로 큰 폭으로 증가하는 데 비해 원자의 지름은 바로 윗줄에 있는 원소의 원자들과 거의 비슷하다는 사실을 발견할 수 있다. 남쪽 섬의 원소들을 본토에서 떼어 내 원래의 바다 한가운데로 옮겨 놓으면 우리에게는 평원의 높이라는 문제가 남게 된다.

이제 우리는 금속으로 구성된 서부 사막의 밀도를 기준으로 작성한 지형도가——그림 5에서 보았듯이, 이 지형도의 지형은 남쪽 해안, 특히 이리듐과 오스뮴에서 실세계의 히말라야에 해당하는 최정상의 높이에 다다르고, 그 높은 산맥은 납에 이르기까지 계속된다.——f궤도들이 이 원소들의 원자를 구성하는 체계 속으로 편입되어 들어간 결과임을 알 수 있다. f궤도와 같은 거의 추상에 가까운 개념이 실제 세계에 분명히 영향을 미치는 것이다. 이 책을 읽은 다음에는, 납덩어리를 주워 올리기 위해 몸을 구부릴 때 그 무게가 이 '거의 추상에 가까운' 특성에서 기인한 것이며 그 특성이 왕국을 지배한다는 사실을 떠올리게 될 것이다.

지협에 속하는 원자들의 지름에서 나타나는 유사성, 즉 왕국을 떠받치는 근본적인 구조에 대한 설명은 실제 세계의 기술과 상업에 응용될 수 있는 또 하나의 영역이다. 지협에 속하는 원소들을 이용해 우리가 합금(合金)이라고 부르는 물질을 생성할 수 있는 것은 바로 이 원자 지름의 유사성 덕분이다.

식료품점 주인이 미적 효과를 얻기 위해 (크기가 비슷한) 사과와 오렌지를 한 줄에 함께 쌓아 놓는 모습은 흔히 볼 수 있지만, 오렌지와 멜론을 뒤섞어 쌓아 놓는 경우는 드물듯이, 야금학자들도 지협에 속하는 원자들을 한데 섞어서(가령 철에 크로뮴, 망가니즈, 니켈, 코발트 등을 섞어서) 오늘날 우리가 사용하는 합금을 만들어 낸다. 오늘날 전성기를 구가하고 있는 첨단 기술이 가능할 수 있는 것은 왕국 표면 아래쪽 깊은 곳에 내재하는 거의 추상적인 존재인 d 전자 덕분이라는 사실을 이해해야 한다.

이번에는 어떤 전자가 쉽게 원자에서 벗어나 양이온이라고 불리는, 양으로 대전된 입자를 형성하게 되는지 살펴보기로 하자. 이온화 에너지를 기준으로 만든 지형도는 지름을 기초로 그린 지형도에 비해 파악하기 힘든 미묘한 리듬을 가지고 있다. 그러나 넓은 시야에서 보면, 지형은 남서쪽으로 갈수록 낮아지고 헬륨의 북서쪽 곶을 향해 점차 상승한다그림 6. 그리고 시야를 더 넓히면 풍경은 서부 사막에서 낮아지고, 동쪽 직사각형 영역의 비금속 지역들에서 높아진다. 이 지형도의 전체적인 경사의 방향은 지름을 기준으로 삼은 지형도와는 반대인 셈이다. 원자핵의 인력이 지배적인 영향을 발휘할 경우에 우리가 예상할 수 있는 풍경이 바로 그것이다.

남서쪽에서 북동쪽으로 여행을 계속하면, 원자들은 점차 작아지고 가장 바깥쪽 껍질의 전자와 원자핵 사이의 거리는 줄어든다. 따라서 원자핵은 더 강한 힘으로 전자를 잡아 두게 되며, 이온화 에너지는 상승한다. 서부 사막의 거의 모든 지역은 이온화 에너지가 상당히 작기 때문에 쉽게 전자를 잃는다. 그 결과 이 원소들은 금속성 고체를 형성한다. 이 원소에서 양이온들은 전자의 바다 속에서 마치 팔려고 쌓아 놓은 오렌지처럼 무리를 이루어 몰려 있다. 동쪽 직사각형 영역의 북동쪽 지역에 속하는 원소들은 전자를 잘 잃지 않는다. 그곳의 원자들은 크기가 작고 전자들을 단단하게 붙잡고 있다. 따라서 이 지역의 원소들은 금속이 아니다.

우리는 이미 알고 있는 전자 구조의 특성들을 여러 가지 방식으로 그려 냄으로써 이온화 에너지를 토대로 한 지형도를 좀 더 풍부하게 만들 수 있다. 첫째, 우리는 이미 2차 이온화 에너지(두 번째 전자를 이탈시키는 데 필요한 에너지)가 1차 이온화 에너지보다 크다는 사실을 알고 있다. 그것은 두 번째 전자가 원자의 전자적 구조를 반영하고 있기 때문이다.

가령 나트륨을 예로 들어 보자. 나트륨은 영족 기체와 유사한 조밀한 내각(그 구조는 [Ne]$3s^1$) 바깥쪽에 하나의 전자를 갖고 있다. 첫 번째 전자는 쉽게 떼어 낼 수 있다(그 전자를 제거하려면 5.1전자볼트만 가하면 된다.). 그러나 두 번째 전자를 제거하려면 막대한 에너지가 필요하다. 두 번째 전자는 핵에 가까운 안쪽 껍질에 위치하기 때문이다. 거기에 필요한 에너지는 첫 번째 전자의 약 10배에 가까운 크기이다(47.3전자볼트). 안쪽 껍질의 전자도 제거할 수는 있다(가령 태양에서는 거의 모든 전자들이 원자핵에서 튀어나와 있다.). 그러나 대개의 화학 반응이 만들어 내는 에너지는 첫 번째 전자를 제외하고는 나머지 전자를 떼어 내기에는 너무 미약하다.

그러면 나트륨의 이웃인 마그네슘으로 자리를 옮겨 보자. 마그네슘은 안쪽 껍질 바깥쪽에 2개의 전자를 가진다([Ne]$3s^2$). 하나의 전자는 비교적 쉽게 떼어 낼 수 있다(1차 이온화 에너지는 7.6전자볼트이다.). 첫 번째 전자가 이탈했지만 바깥쪽 궤도에는 아직도 하나의 전자가 남아 있다. 그러나 그 전자는 여전히 원자핵에서 멀리 떨어져 있기 때문에 핵이 미치는 인력은 그다지 강하지 않다. 따라서 두 번째 전자를 제거하는 데 들어가는 에너지는 (물론 첫 번째에 비해서는 증가하지만) 겨우 15.0전자볼트에 불과하다. 이 에너지의 크기는 나트륨의 안쪽 껍질에서 전자를 떼어 내는 데 들어가는 에너지에 비하면 훨씬 작다. 이 정도의 추가 에너지는 일반적인 화학 반응에서도 얻을 수 있다.

그러나 세 번째 전자를 떼어 내려면 안쪽 껍질에서 전자를 이끌어 내야 하며, 그에 필요한 이온화 에너지는 무려 80.1전자볼트나 된다. 이 정도의 에너지는 일반적인 화학 반응을 통해서는 얻을 수 없고 인위적인 물리 작용이 개입되어야 한다. 따라서 마그네슘이 양이온을 형성할 때, 우리는 2배의 전하를 가진 양이온이 생성될 것이라고 예상할 수 있다. 반면 나트륨은 하나의 전하를 가진 양이온을 만들어 낼 것이다.

서쪽 직사각형 영역에 속하는 다른 원소들에 대해서도 똑같은 주장을 적용시킬 수 있다. 따라서 우리는 왕국의 다른 리듬을 발굴해 낼 수 있다. 그것은 1족에 속하는 원소들은 전하수가 1인 양이온을 형성하며, 2족에 속하는 원소들은 전하수가 2인 양이온을 생성한다는 것이다. 실제로 화학자들은 이 현상을 확인했다.

그리고 이 블록에 속하는 원소들에서 나타나는 거의 모든 화학적 특성은 이것으로 설명될 수 있다.

왕국의 동쪽 직사각형 영역(p 블록)에는 금속이 많지 않다. 그러나 이 지역에 대해서도 비슷한 설명을 할 수 있다. 이 지역에 있는 원소들 중에서 실제 세계에서 실용적으로 가장 중요한 지위를 갖는 금속 중 하나가 알루미늄이다. 알루미늄은 13족(과거에는 III족이라고 불렸다.)에 속하며, 네온과 유사한 내각 바깥쪽에 3개의 전자를 가진 구조이다([Ne]$3s^23p$). 우리는 이 원소가 3개까지는 전자를 쉽게 잃을 수 있지만(즉 화학 반응으로 얻을 수 있는 에너지를 통해) 그 이상은 힘들 것임을 쉽게 예상할 수 있다. 이런 가정은 처음 3개의 전자를 떼어 내는 데 필요한 이온화 에너지의 수치로 뒷받침된다(이온화 에너지는 순서대로 6.0전자볼트, 18.8전자볼트, 28.4전자볼트이다.). 그러나 네 번째 전자부터는 갑작스럽게 120전자볼트로 도약한다. 실제로 화학자들은 알루미늄이 관여하는 거의 모든 화학 반응이 앞의 3개의 전자를 주고받는 형태로 이루어지며, 그 이상의 전자를 잃는 경우는 절대 없다는 사실을 잘 알고 있다.

덧붙여 이야기하자면, 일부 화학자들이 이 지역의 낡은 이름을 선호하는 이유도 바로 그 점에 있다. 과거의 명칭인 III족의 '3'

은 알루미늄이 전하수가 3인 양이온을 형성한다는 사실을 알려 주기 때문이다. 반면 우리가 이 책에서 사용하는 '13족'이라는 명칭에서는 그 정보를 금방 알아내기 힘들다.

왕국의 이 지역과 서쪽 직사각형 영역 사이의 차이점은 전자가 두 궤도에서 떨어져 나온다는 점이다. 알루미늄의 경우, 2개의 전자는 s 궤도에서, 그리고 나머지 하나는 p 궤도에서 나온다. 여기에서 문득 왕국의 토양을 세밀히 조사하면 또 하나의 패턴을 발견할 수 있을 것이라는 생각이 든다. 실제로 13족의 남쪽 지역들을 화학적으로 조사하는 탐험가들은 이 지역들의 배치에서 나타나는 변화가 양이온을 형성한다는 사실을 발견하게 될 것이다.

멀리 남쪽에 위치하는 원소들은 화학 반응을 통해 p 전자들을 잃으며, 전하수가 1인 양이온을 생성한다. 동쪽 직사각형 영역에 속하는 일부 지역들은 모두 원자가 전자들을 잃으며, 그 결과 전하수가 3인 양이온을 만들어 낸다. 반면 다른 원소들은 가장 바깥쪽 궤도의 p 전자들을 빼앗겨서 전하수가 1인 양이온을 형성한다. 화학자들은 이 지역에 속하는 원소들의 양면적인 특성을 이용해서 화합물을 만든다.

동쪽 직사각형 영역의 원소들이 전자를 빼앗기는 방식의 다양성은 13족에만 국한되는 것은 아니다. 바로 옆인 14족에는 납이 있다. 납의 전자 구조는 [Xe]$6s^26p^2$로 제논과 비슷한 안쪽 껍질 바깥쪽에 4개의 전자를 가지고 있다(족에 붙인 14라는 번호에서 4가 바깥쪽 궤도의 전자수를 가리킨다. 과거의 명칭인 IV에서는 그 점이 더 분명하게 나타난다.). 이제 우리는 왕국의 규칙에 대해 많은 것을 알고 있기 때문에, 납이 4개까지는 비교적 수월하게 전자를 잃을 수 있지만, 그 이상의 전자를 빼앗으려면 안쪽 껍질의 구조를 깨뜨려야 할 것임을 추측할 수 있다.

그러나 화학자의 눈을 갖추게 된 우리는 좀 더 진전된 예상을 할 수 있다. 즉 그 전자들이 둘씩 집단을 형성해서 이탈할 것이라는 점이다. 우리는 가장 바깥쪽 껍질에 가장 느슨하게 결합되어 있는 $6p$ 전자들만을 잃었을 경우에 나타나는 화학 반응을 예상할 수 있다. 그러나 좀 더 강한 에너지를 수반하는 화학 반응이 일어날 경우, 가장 바깥쪽 껍질의 4개의 원자를 모두 제거할 수 있으리라는 생각도 충분히 가능하다. 따라서 우리는 납의 화학적 특성이 2개의 전하를 가진 양이온과 4개의 전하를 가진 양이온으로 나타날 수 있음을 알 수 있다. 실제로 납은 우리의 예측과 비슷한 방식으로 화학 반응을 일으킨다.

지금까지 우리는 일부러 지협에 대한 언급을 피해 왔다. d 블록인 지협에서는(그 전자 구조는 망가니즈의 구조인 $[Ar]4s^2 3d^5$와 비슷하다.), 화학 반응으로 일어나는 에너지로도 충분히 2개의 s 전자와 여러 개의 d 전자를 이탈시킬 수 있다. 따라서 온갖 종류의 양이온이 형성될 수 있다.

이처럼 느슨한 환경 덕분에 발생할 수 있는 가장 큰 이득 중 하나는 바로 생명 과정이다. 왕국의 흙 속에서 생물이 탄생할 수 있었던 기술적인 상부 구조가 바로 그것이다. 일례로 철은 4개의 출혈된 눈처럼 헤모글로빈 분자의 중심에 박혀 있다. 철은 쉽게 전자를 제공할 수 있기 때문에 산소 원자와 결합해서 산소를 우리 몸이 필요로 하는 구석구석까지 운반할 수 있다. 살아 있는 생물의 세포 속으로 전자를 끌어들일 필요가 있을 때면 흔히 원자가 그 역할을 담당한다.

지구 생명에 에너지를 공급하는 광합성 과정에서 태양 에너지가 방출하는 전자를 유효하게 이용하는 역할은 망가니즈가 맡는다. 그리고 궁극적으로 우리가 사고를 하고 그 생각을 행동을 옮길 수 있는 것도 바로 이 망가니즈 덕분이다.

화학 산업은 이 지협에서 이루 헤아릴 수 없을 만큼 많은 도움을 받는다. 화학 산업의 거의 모든 산물이 이 지역의 원소들로 만들어진 촉매를 통해 생산되기 때문이다. 촉매는 필요한 특정 화학 반응을 촉진시키는 물질을 가리킨다. 때로는 그 물질이 없으면 불가능한 화학 반응을 일어나게 만들기도 한다. 이런 반응이 일어날 수 있는 이유는 지협에 속하는 금속들의 전기적 유순성 때문이다.

공기 중에서 고정된 질소는 곡물을 살찌우는 비료로 사용되어 우리의 단백질로 바뀌고, 철이라는 대리자를 통해 쉽게 전자를 잃거나 되찾는다. 박테리아는 진화적 규모의 시간을 투자한 결과 몰리브데넘을 이용하면 공기 중의 질소를 쉽게 고정시킬 수 있음을 알아냈다. p 블록의 빼놓을 수 없는 산물인 황산은 백금과 바나듐을 촉매로 삼아 생산된다. 그리고 질산은 로듐을 촉매로 이용해 만들어진다. 지하에서 캐낸 탄화수소(석탄과 석유)를 자르고, 조각내고, 혼합하고, 연결하고, 뒤틀고, 잡아 늘이는 등 온갖 방법으로 변형시킬 때에도 촉매가 이용된다.

이 모두가 지협에서 나온다. 생물의 생명력에서 산업의 동력에 이르기까지 우리 사회를 떠받치는 가장 깊은 토대는 모두 왕국 지하에 있는 기관실의 d 궤도라는 추상적인 개념들을 활용하고 있는 것이다.

양이온 형성 과정에 대해 마지막으로 한 가지 점을 언급하기로 하자. 그것은 양이온의 지름에 대한 것이다. 이미 앞에서 살펴보았듯이 양이온이 형성되면 원자의 가장 바깥쪽 껍질에 속하는 모든 전자들은 남김없이 떨어져 나가고 안쪽 껍질이 벌건 속살을 드러낸다. 따라서 우리는 이 양이온의 지름이 원래의 모(母)원자의 지름에 비해 훨씬 작아질 것이라고 예상할 수 있고, 실제로도 그렇다. 게다가 양이온의 지름의 다양성은 모원자의 지름의 다양성을 그대로 반영한다. 따라서 서부 사막의 남서쪽 지역에서 북동쪽으로 이동해 가면 때때로 작은 언덕과 계곡이 나타나기도 하지만 전반적인 지형이 하강한다는 것을 알 수 있다.

그렇다면 음이온은 어떨까? 여기에서 왕국의 하부 구조는(양이온의 경우에 비해) 큰 변동을 나타내지 않는다. 화학 반응이 일어나는 경우에도 음이온 형성은 왕국의 일부 지역으로 국한되어 있다. 앞에서 언급했듯이 음이온 형성(전자의 부가에 의해 전기적으로 음인 이온이 형성되는 과정)에 필요한 에너지는 그 원소의 전자 친화도로 측정될 수 있다. 높은 전자 친화도를 갖는 원소들은 그 원자에 전자가 추가되었을 때 많은 에너지를 방출한다. 가장 높은 전자 친화도를 갖는 원소들은 왕국의 북동쪽 말단에 위치한 플루오르와 가까운 지역에 몰려 있다. 그 이유는 무엇일까? 그리고 왕국의 이 지역에서는 어떤 주기성의 리듬이 작용할까?

여기에서 플루오르 원자의 구조가 $[He]2s^22p^5$라는 사실을 상기할 필요가 있다. 그 전자 구조는 네온의 완벽한 '원자가 껍질 구조'에서 하나의 전자가 모자라는 셈이다. 이 플루오르 원자에 전자 하나가 부가되면, 그 전자는 원자의 가장 바깥쪽 껍질에 들어가서 그 궤도를 채울 것이다. 그렇게 되면 원자는 조금 더 부풀어 오르게 된다(전자와 전자가 서로를 밀어내는 반발력이 작용하기 때문에). 따라서 우리는 플루오르의 음이온(좀 더 정확하게 이야기하자면 플루오르화물 이온)이 그 모원자에 비해 조금 더 클 것이라고 예상할 수 있다. 전자가 원자에 부가되면 3.4전자볼트의 에너지가 방출된다. 그 전자는 강한 양전하를 띠고 있는 원자핵에 상당히 근접할 수 있어서 원자핵에 이끌리기 때문이다.

그러면 두 번째 전자를 추가해서 2개의 음전하를 가진 플루오르화물 이온을 생성하는 과정을 살펴보자. 이 과정에는 두 가지 반대 작용을 일으키는 효과가 있다. 하나는 두 번째 전자가 이미 하나의 음전하를 띠고 있는 입자에 강제로 밀어 넣어져야 한다는 점이다(따라서 둘 사이에는 반발력이 작용한다.). 다른 한 가지 효과는 전자가 그 이온에 접근할 때 반발력을 받기 때문에 바깥쪽 껍질에 속하는 궤도로 들어갈 수 없다는 점이다. 그 껍질의 모든 궤도는 이미 차 있다. 따라서 배타 원리에 따라 그 전자는 새로운 껍질을 형성할 수밖에 없고, 그 결과 원자핵에 가깝게 접근할 수 없다. 따라서 이미 자리를 잡고 있는 기존의 전자로부터 심한 배척을 당할 뿐 아니라 멀리 떨어진 원자핵으로부터 받는 인력마저도 지극히 미약한 어려운 형편에 빠지게 된다. 그 결과 에너지 공급자로서는 그다지 바람직하지 못한 처지에 놓이기 때문에 구태여 2개의 음전하를 가진 음이온을 만들지 않는다.

다른 할로겐족 원소들도 사정은 마찬가지이다. 다른 원소의 원자들도 하나의 전자를 받아들일 뿐 그 이상은 받지 않는다. 모든 할로겐화물(플루오르화물, 염화물, 브로민화물, 아이오딘화물) 이온은 하나의 음전하를 갖는다.

북쪽 해안 지대의 플루오르에서 서쪽으로 한 걸음만 옮기면 산소의 지역에 도달한다. 산소의 구조는 $[He]2s^2 2p^1$이다. 산소의 원자는 가장 바깥쪽 껍질에 2개의 공백을 가지고 있다. 따라서 그 수용력이 어느 정도인지는 쉽게 추측할 수 있다. 산소는 하나의 전자를 즉각(1.5전자볼트의 에너지를 방출하면서) 받아들일 수 있고, 그 전자는 인접한 원자핵으로부터 강한 인력을 받는다. 두 번째 전자를 부가시키려면 이온의 음전하의 반발력을 누르고 억지로 밀어 넣어야 한다. 따라서 상당한 투자가 요구되기 때문에 플루오르의 경우와 마찬가지로 두 번째 전자의 부가는 거의 이루어지지 않았다.

그러나 오늘날에는 그런 노력이 상당한 보상을 받을 수 있게 되었다. 따라서 두 번째 전자는 하나의 음전하만을 가지고 있는, 즉 차지 않은 산소 음이온의 가장 바깥쪽 껍질에 보금자리를 마련해서 그다지 멀리 떨어지지 않은 원자핵과 행복한 상호 작용을 이룰 수 있다. 그러나 하나의 음전하를 가진 이온을 2개의 음전하를 가진 산소 음이온(이온 산화물)으로 만들기 위해서는 에너지가 공급되어야 한다. 그렇지만 필요한 에너지의 크기(8.8전자볼트)는 적기 때문에 화학 반응의 그 밖의 단계에서 방출되는 에너지를 통해 쉽게 보충될 수 있다.

그렇지만 세 번째 전자를 부가하기란 거의 불가능하다. 이미 2개의 음전하를 가진 음이온에 세 번째 전자를 밀어 넣어야 하기 때문이다. 그리고 간신히 안쪽 껍질의 바깥쪽에 자리를 잡았다고 하더라도 원자핵과 충분한 상호 작용을 일으킬 수 없다. 따라서 산소를 비롯해서 같은 족에 속하는 다른 원소들은 모두 2개의 음전하를 가진 음이온을 생성할 수 있을 뿐이다. 이 사실은 화학자들에 의해 확인되었다.

이제 우리는 영족 기체들의 지역인 거의 불모지에 가까운 동쪽 해안으로 돌아갈 수 있다. 이 원소의 원자들의 궤도는 이미 가득 차 있다. 따라서 새로 도착한 전자들은 새로운 껍질의 궤도를 개척해서 그곳에 보금자리를 마련해야 그 원자에 남을 수 있다. 그런 위치에서는 에너지면에서 이득을 얻을 수 없기 때문에 영족 기체들의 전자 친화도는 음(-)이다. 일례로 네온에 전자를 부가시키려면 오히려 1.2전자볼트가 필요하며, 아르곤의 경우는 1.0전자볼트가 필요하다. 이 원소들은 이미 가지고 있는 전자를 지키는 데 관심이 쏠려 있기 때문에 새로운 전자를 받아들이는 데에는 무척이나 냉담한 셈이다. 따라서 영족 기체는 왕국의 거의 죽어 있는 (화학적인 측면에서) 지대에 위치한다.

그러면 마지막으로 원자의 크기에 대해서 한마디 덧붙이기로 하자. 플루오르와 플루오르화물 이온의 경우에서 이미 살펴보았듯이, 음이온(anion)은 원래의 모원자보다 크다. 부가된 전자가 중심에 위치한 원자핵의 끌어당기는 힘에 대항해서 원자를 부풀리기 때문이다.

이처럼 음이온에서 나타나는 보편적인 부풀음에 중첩되어서, 음이온이 중요한 지위를 차지하는, 왕국의 북동쪽 말단에 속하는 삼각형 지역에서 원자 크기에 변화가 나타난다. 그 변화는 모원자의 지름의 변화를 투영한다. 이 삼각형 지역에서 음이온의 지름을 기준으로 작성한 지형도는 북쪽에서 남쪽으로 갈수록 상승하고, 서쪽에서 동쪽으로 갈수록 하강한다. 음이온은 모원자보다 조금 부풀어 있기 때문에, 이 지형도에 표시된 모든 지형은 원자들의 지름을 토대로 작성된 지형 위쪽에 약간 떠 있는 형상이다.

11
연결과 결합

전부는 아니라고 하더라도 실세계의 풍부함은 거의 대부분 왕국을 구성하는 원소들이 형성하는 화합물에서 유래한 것이다. 100여 개 이상 되는 원소에 의해 수백만에 이르는 결합 관계가 이루어진다. 그것은 유한한 알파벳을 기초로 해서 무한한 언어 표현이 탄생하는 것과 마찬가지이다. 실질적·잠재적인 모든 결합의 넓은 영역을 모두 탐사하려면 너무 많은 시간이 걸릴 것이다. 그러나 거기에는 왕국을 관통하는 리듬인 주기성을 드러내는 특성들이 분명 존재한다. 흔히 화학자들은 그 결합을 결합이 일어나는 지역의 위치를 통해 분류한다. 우리도 그들의 전례를 따를 것이다. 이 장에서는 형성될 수 있는 결합의 폭넓은 유형들을 검토하고, 결합을 이루는 집단들의 특성과 그 결과물로 탄생하는 화합물을 왕국의 해당하는 위치와 연관시켜 나갈 것이다.

화합물들은 여러 지역 원자들의 긴밀한 결합으로서 단순한 혼합과는 성질이 다르다. 경우에 따라서는 이 결합이 고도로 안정적이어서 영원히 유지되기도 한다. 지구 내부의 핵과 바위투성이 껍데기의 관계가 거기에 해당한다. 다른 연결은 그보다는 덜 안정적이어서 계절이 바뀌면 끊어질 수도 있다. 탄소에 기초한 유기 화합물의 대부분이 그 부류에 속하는데, 그 연결 관계는 하루, 1년, 또는 인생 70년이 지나면 해체되어 그보다 덜 복잡한 원자 덩어리로 분해된다. 어떤 결합은 극히 짧아서 고도로 숙련된 눈을 통해서만 분간하고 기록할 수 있을 정도이다.

화합물들은 화학 결합, 즉 원자 사이의 연쇄(link)에 의해 이루어진다. 이러한 연쇄는 '원자가 껍질'이라고 불리는 원자의 가장 바깥쪽 껍질에 위치하는 전자들의 배치에서 발생하는 것으로 알려져 있다. '원자가(valence)'란 화학 결합을 형성하는 원자들의 힘을 나타내는 용어이며, '힘'을 뜻하는 라틴 어에서 유래했다. 로마인들이 작별할 때 쓰는 인사인 'Valete!'는 '강해져라!'는 뜻이다.

우리는 앞에서 원자의 전자 구조 때문에 왕국의 구조적 주기성이 표출된다고 설명했다. 그리고 우리는 연쇄를 형성하는 능력이 비슷한 주기성을 나타낼 것이라고 예상할 수 있다. 이 자리에서는 결합의 수와 유형에서 나타나는 전반적인 주기성으로 논의를 한정시키기로 하자.

화학 결합에는 두 가지 중요한 유형이 있다. 하나는 '이온 결합'이고 다른 하나는 '공유 결합'이다. 이온 결합은 그 명칭에서도 알 수 있듯이 원자를 구성하는 이온들 사이의 결합이다. 이 결합은 음이온과 양이온처럼 서로 반대되는 전하가 서로 힘으로 끌어당겨 이루어진다. 공유 결합은 전자쌍의 공유를 통해 이루어지는 원자들의 불연속적인 결합이다.

여기서는 이 두 종류의 결합을 좀 더 상세히 설명할 것이다. 이 과정에서 그 결합들의 형성이 왕국에서 그 원소가 차지하는 위치와 어떻게 상호 연관되는지 살펴보게 될 것이다. 이 탐색 과정에서 우리는 왕국 여기저기에 꽂혀 있는 표지판(그 표지판은 에너지가 더 낮은 방향을 지시해 준다.)을 보면서 길을 찾아갈 것이다. 에너지가 방출되면, 그 과정에서 원자들 사이의 결합이 이루어지기 때문이다. 우리는 에너지 표지판의 손가락이 왜 내리막길을 향하고 있는지, 왜 그 결과로 형성되는 화합물이 (결합하기 전의) 개별 원자보다 항상 낮은 에너지를 가지는지 이해해야 할 것이다.

이온 결합을 일으키는 요인들을 이해하려면, 왕국 반대편에 있는 염소(전자 구조는 $[Ne]3s^23p^5$)와 혼합된 나트륨 원자(전자 구조는 $[Ne]3s^1$)를 살펴보아야 한다. 원자 사이의 혼합으로는 혼합물밖에 탄생하지 않는다. 이 단계에서는 아직 결합이 나타나지 않기 때문이다. 우리는 이 혼합물에 아래쪽을 가리키는 표지판이 있는지 둘러보아야 한다. 거기에는 분명 급한 오르막길을 가리키는 표지판이 있다. 다시 말해서 나트륨 원자에서 각기 하나의 전자가 벗겨졌다는 뜻이다(그러기 위해서는 5.1전자볼트의 에너지가 필요하다.). 하지만 그 정도의 에너지가 들어가도 충분한 가치가 있을지도 모르는 일이다. 따라서 우리는 필요한 에너지를 공급했다. 그러자 전자 하나가 염소 원자 속으로 들어가면서 3.6전자볼트의 에너지가 방출되고, 그 결과 염화물 이온이 형성된다는 사실을 알게 되었다.

여기에서 우리는 영족 기체와 유사한 두 종류의 구조, 즉 나트륨 양이온과 염소 음이온을 얻었다. 한 원자에서 다른 원자로 전자가 이동했기 때문에 두 가지 이온이 탄생한 것이다. 그래도 에너지 표지판은 여전히 위쪽을 가리키고 있다. 5.1전자볼트-3.6전자볼트=1.5전자볼트이기 때문이다. 따라서 이런 이온이 형성되지 않는 이유는 자연히 이해될 수 있다.

그러나 그 과정에는 매우 중요한 세 번째 측면이 있다. 그것은 서로 반대되는 전하를 가진 이온들 사이의 전기적 인력이다. 이온들이 서로 접근하면, 이 인력은 더욱 강해져서 에너지의 저하(우리가 감수해야 했던)를 능가하게 된다. 상호 작용에 의한 에너지가 1.5전자볼트를 넘어서는 순간, 표지판은 마치 철도 건널목의 신호 장치처럼 방향을 180도 바꾸어 내리막길을 가리키는 것이다. 음이온과 양이온이 결합해 한 덩어리가 될 때 에너지는 최저 상태가 되며, 음이온들은 양이온 주위를, 그리고 양이온들은 음이온 주위를 에워싸는 형상이 된다.

그 결과로 탄생하는 구조(이것을 이온 고체(ionic solid)라고 부른다.)를 좀 더 세부적으로 설명하면, 각각의 음이온 주위에 6개의 양이온이 있고 각각의 양이온 주위를 역시 6개의 음이온이 둘러싸고 있다 그림 14. 실제로 이것이 바다와 광산에서 나와 식탁에 오르는 소금, 즉 염화나트륨의 구조이다.

우리는 원소들에 의해 형성되는 화합물의 종류를 검토하고 왕국이 보여 주는 자연의 좀 더 많은 리듬을 드러내기 위해 이 구조를 이용할 것이다. 화학 결합의 리듬은 드미트리 멘델레예프가 그

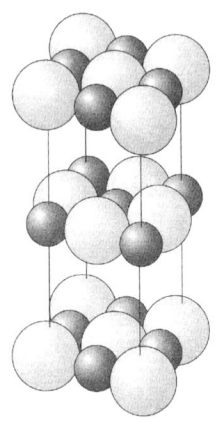 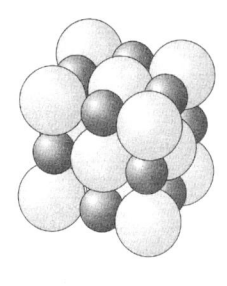

그림 14

소금(염화나트륨)의 구조. 왼쪽은 분해도, 오른쪽은 실제 구조를 나타낸 것이다. 이 패턴은 무한히 계속될 수 있으며 결정의 모서리 부분에서만 끝난다. 각각의 나트륨 양이온(그림에서 작은 구체)이 6개의 염소 이온(그림에서 큰 구체)과 결합되어 있으며, 그 역의 경우도 성립한다는 점에 주목하라.

의 지도를 작성할 수 있었던 근거의 가장 중요한 구성 부분 중 하나이다.

첫째, 나트륨은 하나의 전자만을 즉각 방출할 수 있으며, 그와 마찬가지로 원소 또한 단 하나의 전자만을 수용할 수 있다는 사실에 주목하라. 서로 멀리 떨어진 두 원소 사이의 가장 합당한 결합은 하나의 나트륨 원자와 다른 또 하나의 나트륨 원자 사이의 결합이다. 이것이 두 원자가 하나의 소금 분자를 결합할 수 있는 비율이다.

실제로 우리는 전자를 기초로 작성한 왕국의 지도에 대한 지식을 이용해서 1족의 알칼리 금속과 17족의 할로겐 사이의 모든 화합물들이 같은 비율의 원자를 가질 것이라고 예측할 수 있으며, 실제로 그 사실이 관찰되었다. 모든 할로겐화 알칼리 금속들(여기에는 플루오르화리튬, 브로민화나트륨, 아이오딘화칼륨, 그리고 이 두 지역 사이에서 형성될 수 있는 30가지 종류의 2성분 화합물(binary combination) 모두가 포함된다.)은 모두 이러한 '1 대 1' 구성을 갖는다. 전자 구조 밑에 내재하는 왕국의 법칙들이 원소들의 결합까지 지배하는 것이다.

그러면 동쪽으로 한 족을 이동해서 칼슘으로, 그리고 서부 사막의 알칼리 토금속 지역을 살펴보자. 이 원소들은 그 무엇의 침입도 허용하지 않는 철옹성과 같은 안쪽 껍질을 드러내기 전에 2개의 전자를 즉각 양도할 수 있다. 그러나 할로겐족 원소들은 원자 하나당 하나의 전자만을 받아들일 수 있다. 이 사실은 화합물이 형성되었을 때, 하나의 알칼리 토금속 원자 1개당 2개의 할로겐 원자들이 결합할 것이라는 사실을 뜻한다. 실제 관찰 결과는 그와 정확히 일치한다.

이제 우리는 이 논리를 거꾸로 뒤집을 수 있다. 가령 1족의 알칼리 금속들로 다시 돌아가 보자. 그러나 이번에는 그 원소들이 산소와 그 남쪽 이웃 원소들의 16족 지역과 형성할 수 있는 결합에 초점을 맞추자. 알칼리 금속들은 원자 하나당 1개의 전자를 내줄 수 있고, 16족의 원소들은 원자 하나당 2개의 전자를 받아들일 수 있다. 따라서 우리는 여기에서 형성되는 화합물이 하나의 산소 원자 또는 황 원자 1개당 2개의 알칼리 금속 원자가 결합하는 방식일 것이라고 예상할 수 있다.

논의를 완결짓기 위해서 이제 우리는 동쪽의 2족과 서쪽의 16족으로 동시에 이동하기로 하자. 알칼리 토금속 원자는 2개의 전자를 방출할 수 있고, 산소와 유사한 구조를 가진 원자들 역시 2개의 전자를 받아들일 수 있다. 따라서 다시 한번 2족의 원자 1개당 16족의 원자 하나가 결합하는 화합물의 패턴을 발견할 수 있다. 이 패턴은 실제 관찰 결과와 정확히 부합한다. 그리고 생석회(산화칼슘, 칼슘 이온 하나와 산화물 이온 하나의 결합)와 같은 화합물의 조성을 설명할 수 있다.

이런 식의 주장은 화학자들이 이온 고체 구조의 조성을 설명하거나 예측할 때면 항상 등장한다. 전체적인 에너지 표지판은 양이온을 형성하는 데 필요한 에너지 총량이 지나치게 크지 않을 경우에만 아래쪽을 향한다. 양이온을 형성하는 데 지나치게 과도한 에너지를 투여할 경우 서로 다른 전하 사이의 인력으로도 그 손실을 보충할 수 없게 되며, 그 결과 표지판이 아래쪽을 향할 수 없게 된다. 그렇게 되면 한쪽이 금속 원자인 원소들 사이에 화합물을 만드는 이온 결합이 이루어질 수 없다. 따라서 우리의 왕국을 상공에서 내려다보면 아래쪽에 펼쳐진 서부 사막 지대가 반짝이는 모습을 볼 수 있다.

이제 우리는 서부 사막이 이온 고체 구조를 형성할 수 있는 잠재력을 가지며, 그 지역의 원소들이 형성하는 고체의 조성이 왕국에서 그들이 속하는 족의 위치에 따라 결정된다는 사실을 알았다.

이온 고체는 여러 가지 특성을 공통으로 가지고 있으며, 그 공통점들 때문에 실제 세계에서 쉽게 식별해 낼 수 있다. 첫째, 그 고체들은 조밀하게 한데 쌓여 있는 이온들의 튼튼한 집합체이기 때문에 딱딱하고 부러지기 쉬운 고체이다. 이 고체를 액체로 바꾸려면 이온들을 뒤흔들어서 하나씩 분리될 수 있는 온도까지 가열해야 한다(열은 물체를 흔드는 역할을 한다.). 따라서 이온 고체들의 녹는점은 대부분의 경우 높다.

또 다른 중요한 특성은 그 고체들이 물 속에 녹았을 때(물론 모든 이온 고체들이 물에 녹는 것은 아니다.), 이온들이 물 속을 떠다니면서 전기를 전달하는 움직이는 도체(導體) 역할을 한다는 것이다. 따라서 이온 고체는 '전해 물질'이 될 수 있는 잠재력을 가지고 있다. 그 말은 이온 고체가 녹거나 물에 용해되었을 때 전류 전달 물질 구실을 할 수 있다는 뜻이다.

이번에는 공유 결합에 대해서 알아보자. 금속 원자가 포함된 화합물이 형성되었을 때, 전자를 추출해서 바람직한 이온 결합을 만들려면 너무 많은 에너지가 필요하게 된다. 최종적으로 형성되는 이온들 사이에 끌어당기는 힘이 작용한다 하더라도 에너지 표지판은 위쪽을 가리키게 된다. 여기에서 가장 바람직한 방안은 원자들이 효율적으로 전자를 획득하면서 동시에 그 전자들을 공유하는 데 합의하는 것이다. 이웃하는 두 원자가 2개의 전자를 공유하게 되었을 때, 우리는 그 원자들이 공유 결합을 하고 있다고 말한다.

첫째, 우리는 왜 공유 결합을 이루는 전자의 숫자가 1, 3 또는 그 밖의 다른 숫자가 아니라 하필 2인가라는 물음을 제기해야 한다. 그 이유를 찾기 위해서는 하나의 원자 궤도에 2개 이상의 전자가 들어갈 수 없다는 파울리의 배타 원리에까지 거슬러 올라가야 한다. 2개의 원자가 결합했을 때, 그 원자가 껍질에 들어 있는 전자들의 분포는 더 이상 각각의 원자 단독에 의해 규정되지 않는다. 이제 전자들은 두 원자에 걸쳐 마치 그물처럼 펼쳐지게 된다.

원자들의 분포를 '원자 궤도'라고 부르는 것과 마찬가지로, 구성 원자들의 위쪽에 펼쳐지는 분자들의 분포 상태를 '분자 궤도'라고 부르는데, 분자 궤도가 원자 궤도에 비해 넓은 범위에 걸쳐 있고 훨씬 복잡한 형태를 갖지만 분자 궤도 역시 궤도이며 배타 원리의 적용을 받는다. 따라서 하나의 궤도에는 2개의 전자만 들어갈 수 있다. 공유 결합이 한 쌍의 전자에 의해 구성되는 이유는 그 때문이다.

덧붙이자면 2개의 원자가 2개 이상의 전자를 공유할 수도 있다. 하나 이상의 분자 궤도가 원자들을 포함시킬 수 있으며, 그 경우 궤도를 이 원자들을 그물망처럼 엮기 때문이다. 공유된 전자쌍은 각기 하나의 공유 결합으로 취급된다. 따라서 원자들은 단일 결합(1개의 전자쌍을 공유), 이중 결합(2개의 전자쌍을 공유), 삼중 결합, 그리고 극히 희귀하지만 사중 결합 등을 이룰 수 있다.

이온 결합과 마찬가지로, 공유 결합은 그 결과로 에너지의 저하가 가능할 경우에만 형성된다. 그러나 공유 결합의 경우 이온 결합으로 엄청난 에너지가 들어가는 문제 때문에 골치를 썩일 필요가 없다. 전자의 공유 과정에서 일어나는 전자의 재배치는 (이온 결합에 비해) 덜 격렬하기 때문이다. 일반적으로 공유 결합은 동쪽 직사각형 영역의 위쪽 삼각형 지역에 위치한 원소들 사이에서 일어난다.

공유 결합으로 원자들 사이의 결합이 이루어질 때, 그 결과로 탄생하는 물질을 분자라 부른다. 공유 결합으로 탄생하는 화합물이 이온 결합에 의한 산물과 큰 차이를 갖는 이유는 바로 그 때문이다. 분자 화합물은 대개(항상 그렇지는 않다. 그 이유에 대해서는 곧 살펴볼 것이다.) 연장된 집합체라기보다는 원자들의 불연속적인 집합체라 할 수 있다.

게다가 전자 공유가 전자를 상실하는 것보다 복잡하고 미묘한 과정이기 때문에, 어떤 원자가 부분적으로 전자를 방출해서 한쪽 방향에서 공유 결합을 형성할 수 있는 능력은 다른 쪽 방향에서 그 결합을 해제시킬 수 있는 능력에 영향을 미치게 된다. 따라서 분자 속의 원자 배열은 고정된, 독특한 기하학이라고 할 수 있다. 다시 말해서 우리의 왕국에서 공유 결합으로 형성된 화합물들은 불연속적인 집합, 흔히 원자들의 작은 집합(독특한 형태의 집합)을 이룬다.

이온 결합에 의한 집합체가 무한하며 상온(常溫)에서 일정 불변하게 고체 상태를 유지할 수 있는 데 비해, 분자 집합체는 대개 크기가 작아서 기체나 액체 상태를 형성할 수 있다. 게다가 이 결합으로 고체가 형성되었을 때, 고체 속의 분자들 사이에 작용하는 인력은 이온 결합으로 형성된 물질의 이온 사이의 인력에 비해 훨씬 약하다. 상당수의 분자 화합물은 이온 결합의 경우보다 부드러운 고체를 형성하며, 조금만 열을 가해도 원래의 구성 원자들로 쉽게 분리된다. 따라서 분자 화합물은 낮은 녹는점과 역시 낮은 끓는점이라는 특성을 갖는다.

일반적으로 분자 화합물은 자연의 부드러운 면을, 그리고 이온 화합물은 강한 측면을 반영하는 셈이다. 자연이 우리에게 내보이는 부드러운 면들(강, 대기, 풀, 숲이 모두가 분자들로 이루어져 있다.)과, 풍경이 드러내는 거칠고 강한 면들(그 모두는 이온 결합의 산물이다.)을 비교해 보면 그 차이를 뚜렷이 알 수 있다. 동쪽 직사각형 영역의 위쪽 삼각형 지역이 생명체의 존재를 위해 그토록 중요한 이유, 그리고 왕국의 다른 지역들이 (생물들을 위해) 안정적이고 단단한 토대를 마련해 주는 데 그토록 중요한 이유는 바로 그것이다.

그렇지만 공유 결합이 항상 부드러운 결합을 이루는 것은 아니다. 원자들이 이웃 원자들과 공유 결합을 형성하고, 다시 이웃 원자들이 다른 원자들과 결합을 하는 식으로 공유 결합이 계속 이어질 경우, 잠재적으로 무한한 고체를 탄생시킬 가능성도 있다. 그 하나의 보기가 탄소의 결합으로 이루어진 다이아몬드이다. 이 형태의 원소가 갖는 엄청난 경도(硬度)는 공유 결합의 다른 산물들이 갖는 연약함을 보충하고도 남을 정도인데, 그 엄청난 굳기는 고체 전체에 걸쳐 원자들을 묶는 단단한 격자상(格子狀) 결합 때문이다. 그 구조는 거대한 건물의 철골 구조처럼 원자에서 원자로 끝없이 확장된다.

왕국에서 나타나는 이 특수한 결합에 대한 이야기를 끝맺기 전에 몇 가지 점을 지적해 두고 싶다. 하나는 분자 형성에 참여하는 탄소들에 남김없이 영향력을 발휘하는 전반적인 힘에 관한 것이다. 그 힘은 구조의 복잡성과 그 복잡한 구조의 작용에 의한 결과물이기 때문에, 그 힘으로 이루어지는 결합은 살아 있는 무엇으로 스스로를 반영할 수 있다.

이 지역의 잠재력이 현실화될 수 있는 본질적인 이유는 앞에서도 설명했듯이, 탄소가 갖고 있는 특유의 평범함, 즉 자기 주장이 전혀 없다는 특성에서 기인한다. 북쪽 해안의 한가운데 위치한 이 원소는 왼쪽의 다른 원소들처럼 공격적으로 전자를 쏟아 내지도 않고, 오른편의 이웃들처럼 게걸스럽게 다른 전자들을 삼키지도 않는다. 탄소는 결합에 대한 요구도 그리 강하지 않다.

그뿐이 아니다. 탄소는 자신의 동족에 대해 극히 만족하며, 같은 탄소끼리 결합을 이루어 원자의 사슬, 고리 또는 수상(樹狀) 구조 등을 형성할 수 있다. 만약 탄소가 쉽게 자신의 전자를 포기할 수 있었다면, 다른 원자의 요구가 있을 때 전자를 내주게 되었을 것이고, 그 결과 다른 원자들과 정확한 배열의 결합을 이루기 위해 필요한 충분한 전자를 보유할 수 없었을 것이다. 또한 다른 전자들을 탐욕스럽게 원했다면, 아무 원자나 쉽게 결합하는 경향에 만족해서 좀 더 미묘하고 복잡한 결합을 이룰 기회를 잃고 말았을 것이다. 이런 양극단의 중용을 지키면서——지나친 요구를 하지도 않고, 그렇다고 특별히 관대하지도 않은 지극히 평범한——탄소는 느릿느릿 결합을 계속해 나갈 수 있다.

마지막으로 설명하려는 곳은 왕국의 동쪽 가장자리에 있는 불활성 지역들이다. 이 해변 지역에는 화학 반응을 일으키지 않는 영족 기체들이 있다. 이들 원소는 결합 형성이라는 측면에서는 거의 죽어 있는 세계이다. 공유 결합에 대해서도 무반응이라는 점에서는 마찬가지이다. 그 원인은 여러 가지 이유로 그 원소들의 전자 구조에까지 추적해 들어갈 수 있다.

이들의 이온화 에너지는 매우 높다. 그 전자들이 강한 전하를 띠고 있는 원자핵 주변을 에워싸고 촘촘히 밀집된 덩어리를 이루고 있기 때문이다. 따라서 그 원소들은 부분적으로도 전자들을 내놓으려 들지 않는다. 따라서 전자를 떼어 내려면 상당한 에너지를 투여해야 한다. 조개처럼 완강히 껍질을 열지 않으려고 버티는 이 지역의 원소들은 다른 전자를 끌어들이려고 노력하지도 않는다. 외부에서 도달한 전자들은 원자핵에서 멀리 떨어진 불리한 조건의 새로운 전자껍질을 형성해야만 집을 구할 수 있기 때문이다. 여기에서 에너지 표지판이 아래쪽을 향하는 경우는 거의 없다. 플루오르처럼 정치적으로 매우 공격적인 지역을 제외하면, 결합 역시 거의 이루어지지 않는다.

이 동쪽 변방에서 왕국이 갑작스럽게 바다로 뛰어드는 것은 그 지역이 지극히 자족적인 분위기임을 알려 준다. 더 많은 전자를 받아들여 골치를 썩일 이유가 무어란 말인가? 왜 전자를 내주는 귀찮은 일을 한단 말인가?

에필로그

**환희와
찬탄의
대지**

지금까지 우리는 왕국의 넓은 지역들을 두루 탐사했다. 높은 하늘로 올라가 왕국을 굽어보기도 하고 땅으로 내려가 토양을 직접 디디며 그 구조와 조성을 살펴보기도 했다. 또한 우리는 그 표면 아래쪽을 파 내려가 이 왕국의 법칙들이 지배하는 모습을 직접 조사했다. 이제 우리는 기나긴 탐사 여행의 막바지에서 이 가상의 왕국과 연관된 여러 가지 주제와 그 중요성에 대한 우리의 사고의 단편들을 한데 긁어모아야 할 시간이다.

실제 세계는 경악스러울 만큼 무수한 복잡성의 뒤얽힘이다. 바위와 암석, 강과 바다, 대기와 바람과 같은 비유기체의 무생물적 세계조차 끝없는 찬탄을 불러일으킨다. 생명을 탄생시킨 구성 요소까지 더한다면, 우리들의 경이감은 한층 더 증폭되어 거의 상상력의 한계를 넘어설 정도이다. 그러나 이 기적에 가까운 경이감의 근원은 모두 100여 개 남짓한 구성 성분들로부터 비롯된 것이다. 제한된 숫자의 알파벳 문자들이 위대한 문학 작품을 이루듯, 만물의 구성 요소에 해당하는 원소들은 한데 엮이고, 뒤섞이고, 결합하고, 연쇄를 형성한다. 우리가 이 세계의 축도(縮圖)를 그 구성 성분, 즉 화학적 원소에까지 내려가서 발견할 수 있게 된 것은 선배 화학자들이 이룬 위대한 업적——그들이 개발한 조잡한 실험 기법, 그리고 인간 이성의 놀라운 능력(그 능력은 지금이나 당시나 큰 차이가 없다.)——덕분이다. 이 축도는 이 세계의 아름다움을 손상시키기는커녕 오히려 우리들의 감동에 이해라는 새로운 시각을 덧붙여 주어 환희와 경이감을 더해 준다.

이후 훨씬 더 큰 업적이 이어졌다. 이 원소들이 물질임에도 불구하고 극소수의 사람들은 한 원소가 다른 원소와 연관돼 있을지도 모른다는 생각을 품게 되었다. 화학자들은 겉으로 나타나는 모습을 넘어 그 뒤편에서 왕국의 상호 연관성, 가계도, 결합, 그리고 친화도라는 본질을 꿰뚫어 볼 수 있었다. 화학자들의 실험과 추론을 통해 하나의 왕국이 바닷속에서 모습을 드러낼 수 있었고, 그 원소들은 풍경을 형성하게 되었다.

    이 풍경들이 산과 골짜기의 임의적인 집합이 아니라 여러 가지 시각을 통해 다양한 조망도로 조직될 수 있었다는 사실 또한 매우 중요하다. 거기에서 가장 주목할 만한 사실은 풍경의 변화에서 주기성을 발견했다는 점이다. 그동안 이루어진 성과들 중에서 가장 중요한 업적은 '왜 물질은 특정한 주기성을 나타내는가?'를 밝혀낸 점이었다.

    과학의 발전에서는 흔히 있는 일이지만, 이해는 현실 바로 아래쪽에서 작용하는 단순한 개념들에서 솟아나는 경우가 많다. 이해에 도달하는 길은 그리 멀지 않은 셈이다. 일단 원자가 알려지면서, 즉 그 구조가 인간 정신의 위대한 발견인 양자역학에 의해 분명히 밝혀지면서 왕국을 떠받치는 토대가 백일하에 모습을 드러내게 되었다. 그 단순한 원리들은, 특히 수수께끼와도 같았던 '배타 원리'는 왕국에서 나타나는 주기성이 원자를 구성하는 전자 구조의 주기성의 표출임을 보여 주었다.

    오늘날 왕국의 구조, 설계, 그리고 그 가능한 연장은 남김없이 이해되었다. 거기에는 그동안 우리가 묘사했던 것보다 훨씬 깊은 흐름이 있었다. 그리고 이제 그 흐름은 우리에게 알려졌다.

그러나 왕국에 대해 우리가 얻은 이해에도 불구하고 왕국은 여전히 신비의 장소로 남아 있다. 왕국의 여러 지역들이 갖고 있는 특성들은 합리적으로 설명할 수 있는 것들이다. 그리고 어느 정도의 범위에서 우리는 자신 있게 특정 원소의 화학적·물리적 특성과 그 원소가 형성하는 화합물의 유형을 예측할 수 있다. 이 왕국, 즉 주기율표는 화학의 가장 중요한 통일 원리 그 자체인 셈이다. 전 세계의 교실 벽에 이 주기율표가 걸려 있다. 그것은 화학을 이해할 수 있는 가장 훌륭한 안내자이다. 또한 우리는 주기율표의 구조와 구성 원리에 대한 이해를 통해 새로운 화학 탐험을 떠날 수 있는 용기를 얻고 탐사의 방향과 길을 인도받을 수 있다.

그러나 지금까지 살펴보았듯이 그 왕국은 혼란스러운 나라이기도 하다. 특히 일부 지역이 갖고 있는 특성들은 경쟁, 즉 서로 다른 방향으로 끌어 가려는 힘들의 산물이다. 때로는 거기에 여러 가지 영향력이 관여하기도 한다. 이런 영향력들은 극도로 정교하게 균형을 이루고 있기 때문에, 아무리 풍부한 경험을 가진 사람이라도 특정 원소가 그 특성에 작은 변덕을 부려 우리들의 예상을 깨뜨리고 전혀 새롭고 흥분에 찬 탐험로를 여는 따위의 일은 절대 없을 것이라고 장담할 수 없다.

알파벳의 28개 자모가 무한한 경이와 매료를 가져다줄 수 있듯이, 왕국을 구성하는 100여 개의 유한한 원소들 역시 마찬가지의 엄청난 일을 할 수 있다. 그러나 어떤 하부 구조도 갖지 않는 알파벳과 달리, 원소의 왕국은 지적으로 만족스러운 실재의 집합체를 탄생시킬 수 있는 구조를 가지고 있다. 이 실재들의 미세한 균형이야말로 항상 일정한 배치를 고집하지 않고 그 특성에서 여러 가지 변덕을 부리는, 살아 있는 특성인 것이다. 원소의 왕국은 언제까지나 무한한 환희와 찬탄의 대지로 남아 있을 것이다.

참고 문헌

Atkins, P. W., *Quanta: A Handbook of Concepts*, 2d ed.(Oxford: Oxford University Press, 1991). 본문에서 간략하게 설명한 양자역학적 개념들에 관한 자세한 이야기를 이 책에서 참조할 수 있다.

Atkins, P. W., and J. A. Beran, *General Chemistry*, 2d ed.(New York: Scientific American Books, 1992). 이 책은 본문에서 살짝 맛본 화학의 기초 개념을 소개하고 있으며, 현대 원자 구조론의 사례와 화학적 성질의 주기성에 관한 실례를 확인할 수 있다.

Bourne, J., "An Application-Oriented Periodic Table of the Elements," *Journal of Chemical Education*, 66(1989):741-45. 여러 가지 다양한 주기율표를 볼 수 있다.

Cox, P. A., *The Elements: Their Origin, Abundance, and Distribution* (Oxford: Oxford University Press, 1989). 대우주에서 지구까지 원소의 형성 과정을 소개한다.

Emsley, J., *The Elements*, 2d ed. (Oxford: Oxford University Press, 1991). 화학 원소들의 데이터를 보기 쉽게 소개하는 책이다.

Mason, J., "Periodic Contractions Among the Elements: Or, on Being the Right Size," *Journal of Chemical Education*, 65(1988): 17-20. 원자의 크기와 이온 크기, 그리고 그 주기성과 관계를 조사한 것이다.

Mazurs, E. G., *Graphical Representations of the Periodic System During One Hundred Years*(Alabama: University of Alabama Press, 1974).

Puddephatt, R. J., and P. K. Monaghan, *The Periodic Table of the Elements*, 2d ed. (Oxford: Oxford University Press, 1986). 주기율표에 존재하는 경향들을 소개한 책이다.

Ringnes, V., "Origin of the Names of Chemical Elements," *Journal of Chemical Education*, 66(1989): 731-38. 화학 원소들의 이름 붙이기와 관련된 흥미로운 이야기들을 읽을 수 있다.

Rouvray, D. H., "Turning the Tables on Mendeleev," *Chemistry in Britain* (May 1994): 373-78. 주기율표의 역사를 간단하게 소개하고 있다.

van Spronsen, J. W., *The Periodic System of Chemical Elements: A History of the first Hundred Years* (Amsterdam: Elsevier, 1969).

Weast, R. C., ed., *CRC Handbook of Chemistry and Physics*, 76th ed.(Boca Raton: CRC Press, 1995). 이 핸드북에는 화학 원소 발견 역사에 대한 짧은 묘사가 포함되어 있다.

Weinberg, S., *The First Three Minutes* (London: Andrew deutsch, 1977). 물질의 탄생에 대한 대중 교양서 중에서 고전으로 평가받는 책이다.

Woods, G., "The Deeper Picture," *Chemistry in Britain* (May 1994): 383-83. 여러 사람들이 제안한 다양한 주기율표들에 대한 설명을 읽을 수 있다.

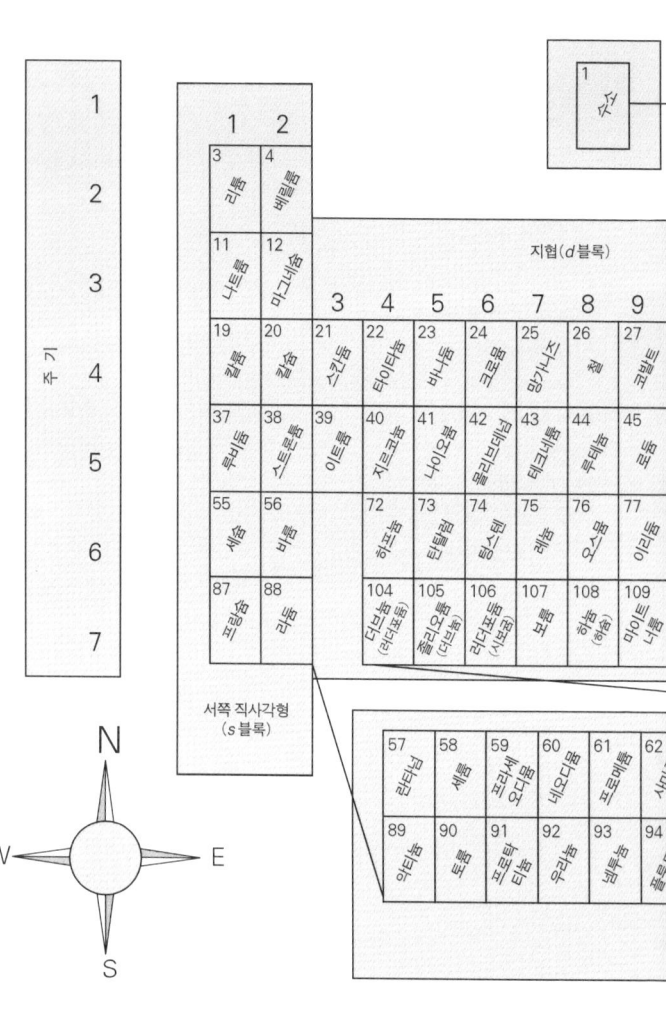

	동쪽 직사각형 (p블록)				18
13	14	15	16	17	2 헬륨
5 붕소	6 탄소	7 질소	8 산소	9 플루오르	10 네온
13 알루미늄	14 규소	15 인	16 황	17 염소	18 아르곤
31 갈륨	32 저마늄	33 비소	34 셀레늄	35 브로민	36 크립톤
49 인듐	50 주석	51 안티모니	52 텔루늄	53 아이오딘	54 제논
81 탈륨	82 납	83 비스무트	84 폴로늄	85 아스타틴	86 라돈

(12열: 30 아연, 48 카드뮴, 80 수은)

65 터븀	66 디스프로슘	67 홀뮴	68 어븀	69 툴륨	70 이터븀	71 루테튬
97 버클륨	98 캘리포늄	99 아인슈타이늄	100 페르뮴	101 멘델레븀	102 노벨륨	103 로렌슘

섬(f블록)

원소 왕국의 지도 주기율표. (원자 번호에 따른 원소 이름은 피터 앳킨스의 원서를 따랐다. 1999년에 제정된 IUPAC 표준 원소명과 다를 경우에는 괄호 안에 표준 원소명을 병기했다. — 옮긴이)

찾아보기

가
가성 소다 95
가성 칼리 95
가스 구름 139
가이거, 한스 184
갈륨 42, 107, 116, 159
거시 세계 180
공명 130
공유 결합 241, 248~250, 252
광물 141
광합성 38, 230
구리 17110, 118, 145, 167
구리 30, 32, 43, 89, 92
구축 원리 201
국제 명명 위원회 117
국제 순수 응용 화학 연합(IUPAC) 118
규산염 14
규소 20, 40~41, 44~45, 98, 134, 140
금 17, 31, 91~92, 110
금속 원소 29
금속 31, 33~35, 39, 71, 81, 86, 99, 227, 248
금속성 81
껍질 36

나
나가오카 한타로 191
나트륨 34~36, 53, 96, 110, 134, 150, 209~210, 219, 225~226, 242, 244
납 42~43, 71~72, 91, 119, 229
내골격 36~37
내부 전이 금속 55
네온 100, 131, 150, 199, 207~209, 219, 227, 233, 236
네온사인 58
넵투늄 103
넵튠 119
노벨, 알프레드 116
노벨륨 116
농약 48
뇌 35, 43
뉴랜즈, 존 149~154, 175, 211
니켈 30~31, 118, 140, 142, 146, 158, 162, 167, 223

다
다이아몬드 20, 252
단백질 24~25, 48, 231
단일 결합 249
대전 75, 223

대폭발 121
더브늄 104, 117
데이비, 험프리 95~96, 110
도체 248
독약 50
돌로미테 알프스 산맥 38
돌턴, 존 181, 187
동소체 21, 53
동위 원소 51, 187, 188, 190
되베라이너, 요한 145~148, 167~168, 175, 211
드레이크 제독 90
들뜬상태 198, 201
디스프로슘 119
DNA 24

라
라돈 25, 59, 102, 215
라듐 38~39, 98, 141
라부아지에, 앙투안 111
라스푸틴, 그레고리 에피모비치 154
란타넘족 원소 55, 104, 119
램지, 윌리엄 99~103
러더퍼드, 어니스트 117, 184~186
러더포듐 104, 117
레늄 114
레일리, 찰스 99~100
로듐 113, 231
로렌슘 116
로렌스, 어니스트 116
로마인 37
로마 제국 42
루비듐 34, 112
루테늄 114
루테튬 115

리제, 마이트너 118
리튬 33~36, 66, 124~126, 130, 138, 150, 164, 199, 201, 203, 205~210, 219
리틀엔디언 164~167

마
마그네슘 37~38, 72, 82, 96, 111, 134, 140, 167, 182, 210, 213, 225
마디 평면 196, 197
마스던, 에드워드 184
마이어, 율리우스 로타르 152, 154, 175, 211
마이트너륨 104, 118
망가니즈 30, 223, 230
맨해튼 프로젝트 56, 103~104
멘델레튬 116
멘델레예프, 드미트리 이바노비치 97~98, 116, 154~159, 166, 175, 190, 211, 243
모즐리, 헨리 186
몰리브데넘 33, 119, 231
몸, 서머셋 8

바
바나듐 30, 33, 112, 231
바닥상태 197~199, 206, 210
바륨 38, 98, 147
바이러스 47
박테리아 49, 231
반발력 83, 129, 219~220, 235
발라르, 앙투안제롬 97
방사능 39, 59
방사성 가스 102
방사성 낙진 39

방사성 65
배설물 49
베타 원리 201, 203, 205, 211, 214, 248, 257
백금 68, 119, 231
백운석 38
백혈병 39
버클륨 115
법랑질 52
베릴륨 124~126, 129~130, 134, 138, 164, 206, 208, 210, 213
별 123~125, 128~129, 133~143
보륨 104, 117
보어, 닐스 117, 201
복사 14, 139
볼타 전퇴 95
볼트 76
부껍질 212, 214~215
부아보드랑, 폴 에밀 레코크드 107~108, 116
분자 궤도 249
분자 화합물 250~251
불활성 기체 26, 99
불활성 25, 27, 57, 93, 141, 253
붕소 41, 46, 126, 130, 206~208
브로민 19, 21, 54, 96, 113, 146
브로민화나트륨 245
브로민화물 234
비금속 41~43, 81, 217
비료 50, 231
비소 20, 44, 50~51
비스무트 50, 59
빅엔디언 164~167
빙클러, 클레멘스 98
뼈 36, 39, 47

사
사중 결합 249
산 50
산소 17, 23, 29, 45~49, 53, 84, 94~95, 99, 111, 119, 131, 134, 140, 145, 207, 230, 234, 246
산업 혁명 30
산화수은 94
산화칼슘 246
3조 원소 146~148, 167~168, 175
삼중 결합 249
상쿠르투아, 베귀에 드 149~150
생석회 246
석유 231
석탄 231
석회 111
석회석 37
선형 가속기 104
성운 139
성진 137
세레스 119
세륨 119
세슘 34, 79, 86, 112
세포 51, 230
셀레늄 20, 50, 119
셀레, 칼 94~96
소금 35, 52, 243, 245
소립자 75, 128~129, 137~138, 187~188
수비학 158
수산화나트륨 95
수산화칼륨 95
수소 17, 25, 27, 34, 36, 49, 64, 93, 95, 111, 122, 124~128, 133, 136, 139~141, 145, 159, 165~166,

186~187, 194, 197~199, 201, 203, 218
수은 118
수축력 219~220
숯 20, 91
슈뢰딩거, 에어빈 192
스칸듐 114, 214
스칸듐 32, 43
스토니, 조지 182
스트론튬 38~39, 114, 147
스펙트럼선 194
신경가스 51
신경계 35
싱크로트론 104

아
아데노신 3인산 47
아르곤 25, 100~101, 134, 210, 213
아메리슘 114
아스타틴 21, 51, 59
아연 32, 43, 167, 214
아이오딘 17, 21, 51, 54, 66, 112, 146, 158, 162
아이오딘화물 234
아이오딘화칼륨 245
아인슈타이늄 116
아인슈타인, 알베르트 116
악티늄족 원소 56, 59, 103~104
안티모니 44, 50
알루미노규산 141
알루미늄 42, 98, 140~141, 159, 210, 227
알칼리 금속 35, 78, 150, 167, 217, 245~246
알칼리 토금속 36, 99, 245~246

양성자 127~129, 132, 159~160, 187~189, 192, 213, 218, 224, 226, 228~232, 241~243, 247
양이온 75, 80, 82, 86
양자역학 19, 180, 191, 193, 201
양전하 183, 185~187, 203~204, 219, 221
어븀 115
에너지 준위 203
ATP 47
에카 규소 98, 159
에카 붕소 98
연소 23
염산 111
염소 17, 21, 52~54, 84, 96, 111~112, 146, 242
염화나트륨 35, 52, 243
염화물 234
엽록소 38
영족 기체 26, 57, 83, 99, 101, 150, 168, 206, 209, 213, 225, 236, 242, 253
오들링, 윌리엄 151~154, 175, 211
오스뮴 71, 113, 222
오존 53
오존층 53
외골격 36
우라늄 17, 51, 56, 64, 67, 98, 102~103, 135, 141, 160, 188
우란광 98
우주 121~123, 130, 133, 136~138, 140~144, 198
우주선(宇宙線) 137
원광석 30
원자 63, 126~127, 139

원자가 213, 240
원자가 껍질 212, 233, 240, 249
원자가 전자 75, 228
원자 궤도 192, 248~249
원자량 64, 147, 150, 157, 159, 162, 188~190
원자 번호 159~162, 171, 186~190, 218~219
원자 부피 152~154
원자의 지름 79, 81, 84~85
원자 폭탄 56, 103
원자핵 39, 106, 127~135, 138, 159, 181, 185, 187~192, 204, 213, 218~225, 234~235, 254
유기 분자 53, 54
유기 생물 23~24
유기 화합물 40, 240
유기체 41, 49~50
유로퓸 114
유화수소 48~49
은 31, 110
음극선관 56, 182
음이온 75~76, 82~84, 232~237, 241~243
음전하 182, 233~235
이리듐 68, 113, 222
이산화탄소 25, 100
이온 결합 241, 247, 249~251
이온 고체 243~247
이온 75, 235, 242~243
이온화 에너지 76~83, 86, 224~227, 254
이중 결합 249
이터븀 115
이테르비 115

이트륨 115
인 17, 45~51
인력 226
인산염 50
인산칼슘 47

자
잿물 110
저마늄 98, 114, 159
저온학 102
적린 45
전기 분해 95~97, 183
전기장 80
전류 80, 183
전염병 51
전위 77
전이 금속 43, 167
전자 구름 193
전자 분포 198
전자 친화도 82~86, 232, 236
전자 77, 79~80, 83, 127, 182~183, 189~193
전자구름 194, 201, 205
전자기 복사 81
전자기파 81
전자껍질 203, 219, 254
전자볼트 76
전자쌍 241, 249
전하 188, 226, 229
전하수 186, 228
전해 물질 248
제1껍질 211
제1주기 214
제2껍질 212
제3껍질 212~213

제논 101, 229
조개껍데기 37
족 23, 158, 166, 171
졸리오퀴리, 프레데리크 117
졸리오툠 104, 117
주기 158, 166, 171, 200, 208, 219
주기성 149, 209, 233, 239, 241, 257
주기율표 9, 46, 10, 11, 108, 157~160, 207, 258
주석 42, 91
준금속 43, 45
중성자 127~129, 132, 135, 159~160, 188~189, 218
지구 140~141
질산 231
질산칼륨 111
질소 고정 24
질소 17, 24, 29, 45~46, 84, 99, 100, 111, 126, 131, 207, 231

차
창연 50
척추동물 47
철 30, 32~33, 90~91, 110, 131~132, 135, 140, 142~143, 145~146, 158, 167, 223, 230~231
청동 31
청동기 시대 32
초우라늄 원소 56, 소59
초전도 현상 102
촉매 231
취화은 54

카
카드뮴 43

칼륨 34~36, 96, 110, 150, 213
칼슘 36~39, 96, 111, 140, 147, 167, 213, 245
캐번디시, 헨리 94~95, 100
캐벗 90
캘리포늄 115
코발트 30, 118, 146, 158, 162, 167, 223
퀴륨 118
퀴리, 마리 98, 118
크로마토그래피 104
크로뮴 113, 223
크립톤 101, 214
클로로카본 53
클로로플루오로카본 53

타
타이타늄 32~33, 90, 118, 214
타이탄 118
탄산칼슘 36~37
탄소 17, 20, 40~46, 50, 74, 91, 126, 130~131, 134, 186, 188, 207, 240, 252~253
탄화수소 231
탄화플루오르 52
탈륨 42, 112
태양 53, 139, 192
터븀 115
텔루륨 20, 50, 66, 158, 162, 172
토르 119
톰슨, J. J. 182~183

파
파동 180, 192
파쇄 138

파울리, 볼프강 202
팔라듐 119
팔라스 119
패러데이, 마이클 75, 151, 182
팽창력 220
페르뮴 116
페르미, 엔리코 116
폴로늄 20, 44, 50
풀러라이트 20
프랑슘 59
프로메테우스 118
프로메튬 118
프리스틀리, 조지프 94
플루오르 21, 40, 46, 51~53, 83~84, 97, 131, 138, 207, 210, 232~236, 254
플루오르화리튬 245
플루오르화물 233~236
플루토 119
플루토늄 103

하
하늄 104, 117
하프늄 115
한, 오토 118
할로겐 45, 57, 62, 82~83, 96, 245
할로겐족 원소 21, 51, 99, 147, 158, 160, 165, 217, 234
할로겐화물 234
합금 30, 33, 223
핵 무기 51
핵 원자 185
핵 합성 128, 130~133, 137
핵반응 135, 139
핵반응로 103

핵융합 94, 125
행성 139~140, 192
헤모글로빈 230
헥사플루오라이드 51
헬륨 25, 58, 66, 82, 93, 101, 102, 122, 125~126, 133~136, 139~141, 160, 164~165, 182, 199, 201, 205, 219, 223
헬리오스 102
홀뮴 115
화폐 31
황 46, 48, 49, 92, 99, 110, 134, 140, 142
황린 45
황산 49~50, 231
회반죽 37
흑린 45
흑연 20
희유기체 25, 99
희토산화물 55

옮긴이 **김동광**

고려 대학교 독문학과를 졸업하고 같은 대학교 대학원 과학 기술학 협동 과정에서 과학 기술 사회학을 공부했다. 과학 기술과 사회, 대중과 과학 기술, 과학 커뮤니케이션 등을 주제로 연구하고 글을 쓰고 번역을 하고 있다. 현재 고려 대학교 과학기술학연구소 연구원이며, 고려대를 비롯해 여러 대학에서 강의하고 있다. 지은 책으로 『사회 생물학 대논쟁』(공저), 『과학에 대한 새로운 관점-과학혁명의 구조』 등이 있고, 옮긴 책으로 『판다의 엄지』, 『생명, 그 경이로움에 대하여』, 『인간에 대한 오해』, 『레오나르도가 조개화석을 주운 날』, 『힘내라 브론토사우루스』, 『기계, 인간의 척도가 되다』, 『이런, 이게 바로 나야』 등이 있다.

사이언스 마스터스 02
원소의 왕국 | 피터 앳킨스가 들려주는 화학 원소 이야기

1판 1쇄 펴냄 2005년 6월 30일
1판 14쇄 펴냄 2024년 12월 31일

지은이 피터 앳킨스
옮긴이 김동광
펴낸이 박상준
펴낸곳 (주)사이언스북스

출판등록 1997. 3. 24.(제16-1444호)
주소 (06027) 서울특별시 강남구 도산대로1길 62
대표전화 515-2000 팩시밀리 515-2007
편집부 517-4263 팩시밀리 514-2329
www.sciencebooks.co.kr

한국어판 ⓒ (주)사이언스북스, 2005. Printed in Seoul, Korea.

ISBN 978-89-8371-940-9 (세트)
ISBN 978-89-8371-942-3 03400

사이언스 마스터스

『사이언스 마스터스』를 읽지 않고 과학을 말하지 마라!

사이언스 마스터스 시리즈는 대우주를 다루는 천문학에서 인간이라는 소우주의 핵심으로 파고드는 뇌과학에 이르기까지 과학계에서 뜨거운 논쟁을 불러일으키는 주제들과 기초 과학의 핵심 지식들을 알기 쉽게 소개하고 있다.

전 세계 26개국에 번역·출간된 사이언스 마스터스 시리즈에는 과학 대중화를 주도하고 있는 세계적 과학자 20여 명의 과학에 대한 열정과 가르침이 어우러져 있다. 과학적 지식과 세계관에 목말라 있는 독자들은 이 시리즈를 통해 미래 사회에 대한 새로운 전망과 지적 희열을 만끽할 수 있을 것이다.

01 섹스의 진화   제러드 다이아몬드가 들려주는 성性의 비밀
02 원소의 왕국   피터 앳킨스가 들려주는 화학 원소 이야기
03 마지막 3분   폴 데이비스가 들려주는 우주의 탄생과 종말
04 인류의 기원   리처드 리키가 들려주는 최초의 인간 이야기
05 세포의 반란   로버트 와인버그가 들려주는 암세포의 비밀
06 휴먼 브레인   수전 그린필드가 들려주는 뇌과학의 신비
07 에덴의 강   리처드 도킨스가 들려주는 유전자와 진화의 진실
08 자연의 패턴   이언 스튜어트가 들려주는 아름다운 수학의 세계
09 마음의 진화   대니얼 데닛이 들려주는 마음의 비밀
10 실험실 지구   스티븐 슈나이더가 들려주는 기후 변화의 과학